Vairakannu Tamizhazhagan
Kannaiyan Pugazhendy

O Efeito de Toxicidade do Monocrotofos 36% E.C

Vairakannu Tamizhazhagan
Kannaiyan Pugazhendy

O Efeito de Toxicidade do Monocrotofos 36% E.C

sobre a hematologia, bioquímica e histologia de Labeo Rohita (Hamilton, 1882)

ScienciaScripts

Imprint

Cover image: www.ingimage.com

This book is a translation from the original published under ISBN 978-3-659-67049-7.

Publisher:
Sciencia Scripts
is a trademark of
Dodo Books Indian Ocean Ltd. and OmniScriptum S.R.L publishing group

120 High Road, East Finchley, London, N2 9ED, United Kingdom
Str. Armeneasca 28/1, office 1, Chisinau MD-2012, Republic of Moldova, Europe
Printed at: see last page
ISBN: 978-620-7-86972-5

ÍNDICE

RECONHECIMENTO 2

ABREVIATURAS 4

CAPÍTULO 1. INTRODUÇÃO 5

CAPÍTULO 2. REVISÃO DA LITERATURA 10

CAPÍTULO 3. MATERIAIS E MÉTODOS 13

CAPÍTULO 4. RESULTADOS 22

CAPÍTULO 5. DEBATE 40

CAPÍTULO 6. RESUMO 45

REFERÊNCIAS 47

RECONHECIMENTO

Expresso a minha profunda e sincera gratidão ao meu orientador, **Sr. S. Ravichandran, M.Sc., M.Phil., B.Ed., D.I.P.C.,** Professor Assistente, PG e Departamento de Investigação de Zoologia, Government Arts College (Autónomo), Kumbakonam, por ter sugerido o problema e pela sua valiosa orientação e constante encorajamento.

Agradeço ao **Dr. K. Palanivelu Ph.D.,** Chefe de Departamento, PG e Departamento de Investigação de Zoologia. Government Arts College (Autónomo), Kumbakonam, pelo seu contínuo encorajamento ao longo do meu trabalho de investigação.

Agradeço também ao **Dr. S. Mohanasundaram, Ph.D.,** Diretor do Government Arts College (Autónomo), Kumbakonam, por me ter dado a oportunidade de realizar este trabalho de investigação.

É, de facto, um imenso privilégio e honra o meu profundo sentimento de gratidão para com o meu estimado orientador, **Dr. K. Pugazhendy, Ph.D.,** investigador principal da Universidade de Annamalai, Chidambaram, pela sua orientação eficaz e valiosas sugestões que me ajudaram muito a realizar o meu trabalho com êxito.

Os meus agradecimentos são devidos ao **Sr. V.Ramasubramanian M.Sc., M.Phil., M.Ed.,** Professor Associado e ao **Dr. R.Sivakumar, Ph.D. Sr. K.Saravanan M.Sc., M.Phil. Sr. S.Balasubramanian, M.Sc. Dr. S.BaskaraSanjeevi, Ph.D. Dr. P.Serfoji, Ph.D.** Professor Assistente do Departamento de PG e Investigação de Zoologia, Faculdade de Artes do Governo (Autónoma), Kumbakonam, pela sua ajuda constante.

Estou também grato ao professor convidado, **Sr. T. Cholan, M.Sc., B.Ed., M.Phil.,** e ao Sr. **A. Subramanian, M.Sc., B.Ed., M.Phil.,** pessoal não docente, PG e Departamento de Investigação de Zoologia, Government Arts College (Autónomo),

Kumbakonam, pela sua imensa ajuda.

Por último, mas não menos importante, gostaria de exprimir o meu profundo sentimento de gratidão ao meu querido pai **S. Vairakkannu,** à minha mãe **Chellammal,** ao meu querido irmão **Dr. V. Gajendran Ph.D., NET, a Divya B.A., B.Ed.,** à minha irmã **C. Karthika, M.Sc., D.T. ed.,** e

Aos meus amigos, por toda a ajuda que me deram e pelo encorajamento e apoio que me deram ao longo dos meus estudos.

(V.TAMIZHAZHAGAN)

ABREVIATURAS

APHA	-	American Public Health Association
CA	-	Central Axis
CMM	-	Cubic Milli Meter
DOA	-	Dorsal Olfactory Area
DSA	-	Degenerated Septal Cell
DVOA	-	Degenerated Ventral Olfactory Area
E.C	-	Emulsification Concentration
Hb	-	Hemoglobin
LC	-	Lethal Concentration
ppm	-	Parts Per million
ppt	-	Parts Per Thousand
RBC	-	Red Blood Cell
SGL	-	Secondary Gill Lamellae
SPSS	-	Statistical Package for the Social Science
TOL	-	Tractus Olfactory laterals
TOM	-	Tractus Olfactory Medial
VOA	-	Ventral Olfactory Area
WBC	-	White Blood Cells

CAPÍTULO 1. INTRODUÇÃO

As actividades humanas afectam direta ou indiretamente o ambiente. Devido ao desenvolvimento, actividades como a construção, os transportes e a indústria transformadora não só esgotam os recursos naturais como também produzem grandes quantidades de resíduos que conduzem à poluição do ar, da água e do solo. Atualmente, a poluição ambiental tornou-se um problema não só nacional mas também internacional. Os países desenvolvidos e em desenvolvimento, que estão a progredir rapidamente no domínio da agricultura, da tecnologia e das indústrias, estão continuamente a libertar vários tipos de substâncias nocivas na biosfera, causando assim uma grave ameaça ao ambiente (APHA 1995, Abbasi *et al* 1998).

As principais fontes de poluição da água são os resíduos domésticos, agrícolas e industriais que são descarregados nas massas de água naturais (De, 1996). As águas residuais domésticas são escoadas dos campos agrícolas carregados de pesticidas e fertilizantes, poluindo as massas de água. Os pesticidas utilizados habitualmente podem ser nocivos para os organismos vivos, para os animais domésticos e para o ambiente.

A poluição da água é geralmente causada por várias fontes humanas, tipicamente (pontuais e não pontuais), instalações industriais e agroquímicos, especialmente no ecossistema aquático, tendo-se tornado um grave problema ambiental nos dias de hoje. Estes agroquímicos e descargas industriais podem ser efetivamente arrastados pelas chuvas, ventos, rios e inundações para as grandes massas de água e alterar as suas propriedades físico-químicas com elevada toxicidade. A contaminação da água causa danos à vida aquática, especialmente aos peixes, que são muito sensíveis a uma grande variedade de substâncias tóxicas presentes na água (Herger *et al.,* 1995).

Os pesticidas são amplamente utilizados na agricultura moderna para ajudar na produção de alimentos de alta qualidade. No entanto, alguns pesticidas podem causar graves danos à saúde e ao ambiente. A exposição repetida a doses sub-letais de alguns pesticidas pode causar alterações fisiológicas e comportamentais nos peixes que reduzem as populações, como o abandono dos ninhos e das crias, a diminuição da imunidade às doenças e o aumento da incapacidade de evitar os predadores (Veeraiah *et al.,* 2012). O uso crescente de pesticidas causa poluição química, resultando em potenciais riscos para a saúde dos animais vivos, especialmente peixes, aves, rãs e mamíferos (*Nagarajuet al.*, 2013).

Os pesticidas contribuíram consideravelmente para o bem-estar humano, mas os seus resíduos atingem frequentemente os ecossistemas, causando um impacto indesejável. Por conseguinte, os pesticidas tornaram-se uma fonte cada vez mais grave de poluição química do ambiente devido à sua utilização extensiva na agricultura e nos programas de proteção da saúde pública. Embora os pesticidas sejam fundamentais para conseguir um aumento significativo da produtividade das culturas, há que ter em conta que causam graves riscos ecológicos aos animais não visados, especialmente aos peixes, que constituem uma parte importante da cadeia alimentar de vários animais, incluindo os seres humanos. Binukumari & Vasanthi,(2013).

A causa mais comum da poluição da água nos países em desenvolvimento são os resíduos domésticos e industriais que são diretamente libertados em cursos de água ou lagoas sem tratamento. Estes resíduos contêm sobretudo vários tipos de poluentes, como metais pesados, elementos radioactivos, pesticidas, herbicidas e substâncias corrosivas como ácidos e bases (Mhadhbi *et al.*, 2012).

As massas de água aquáticas são frequentemente poluídas por uma multiplicidade de substâncias potencialmente perigosas (Gattaglin e Fairchild, 2002). [st]Assim, a proteção da integridade dos nossos recursos hídricos é uma das questões ambientais mais essenciais do século XXI. Recentemente, tem havido uma preocupação crescente com os potenciais efeitos adversos para a saúde ecológica resultantes da produção, utilização e eliminação de numerosos produtos químicos que proporcionam melhorias na indústria, na agricultura, no tratamento médico e até nas conveniências domésticas comuns (Daughton e Ternes, 1999). Hoje em dia, os agricultores utilizam uma grande variedade de pesticidas, insecticidas e herbicidas nos campos agrícolas. Os pesticidas são principalmente de dois tipos: organoclorados e organofosforados e, nos últimos anos, o monocrotofos é um organofosforado que é utilizado para controlar os insectos.

Os peixes desempenham um papel importante na nutrição humana. As proteínas dos peixes são bem equilibradas em termos de aminoácidos essenciais e são comparáveis a outras proteínas de origem animal (Tont, 1977). Além disso, os peixes contêm lípidos, especialmente ácidos gordos ómega, do ponto de vista da nutrição humana.

Entre os pesticidas organofosforados, o monocrotofos é um dos pesticidas mais importantes para o controlo dos insectos, utilizado indiscriminadamente pela Índia. Os resíduos formadores chegam ao ambiente por aplicação direta, deriva de pulverização, pulverização aérea, lavagem da precipitação atmosférica e escoamento de terras agrícolas, onde devastam a vida biótica (Thangnipon *et al.*,1995).

Para avaliar o nível de segurança de qualquer produto químico venenoso para os animais superiores, a primeira tarefa consiste em determinar o valor tóxico agudo LC50, uma expressão simples do grau de toxicidade que pode ser compreendida pelos toxicologistas (Doubois e Geilling, 1951). A crescente consciencialização da poluição aquática exige testes de toxicidade para avaliar a eficácia da contaminação e extrapolar os seus níveis seguros admissíveis no ambiente. O limite de tolerância mediano de qualquer poluente é entendido como um guia elementar no domínio da toxicologia (Ward e Parrish, 1982).

A utilização indiscriminada de diferentes pesticidas na agricultura para evitar danos nas culturas provocados por pragas tem vindo a aumentar ao longo de duas décadas, especialmente nos países em desenvolvimento (Muthukumaravel *et al.*,2013). Quando os pesticidas entram em contacto com os órgãos internos, provocam alterações irreversíveis nas actividades metabólicas, tendo sido relatado que muitos pesticidas produzem uma série de alterações bioquímicas nos peixes a níveis sub-letais (Nagaraju.,2013).

Vários autores apresentaram dados sobre a toxicidade de uma variedade de pesticidas, como os pesticidas organofosforados, organoclorados, carbamidas e piretróides, para várias espécies de peixes (Anees,1975; Arunachalam e Palanichamy 1982; Arunachalam *et al.*,1980, Baskaran *et al.,1989,* Sing *et* al., 1981; Malla Reddy e Basha Mohideen 1989; Gurusamy e Ramadoss,2000; Sapna Shrinivasta, 2002; Nishar *et al.*,2004; Visvanathan *et al.*,2009).

O funcionamento fisiológico natural de um organismo é distribuído pela exposição a tóxicos, o stress, induz o seu efeito primeiro a nível celular ou mesmo a nível molecular, mas acaba por causar alterações fisiológicas, patológicas e bioquímicas (Venkata Rathnamma *et al.*, 2013). Embora o tóxico prejudique os estudos metabólicos e fisiológicos por si só não satisfazem a compreensão completa das condições patológicas do tecido sob stress tóxico. Por conseguinte, é útil ter uma visão da análise histológica (Muthukumaravel *et al.*,2013).

As alterações bioquímicas que ocorrem no corpo dos organismos dão a primeira indicação de stress. Vários investigadores registaram uma série de alterações nos parâmetros bioquímicos dos organismos aquáticos devido à exposição a pesticidas (Mule e Lomte, 1992; Muley *et al.*, 1996; Kumari e Kumar, 1996; Tilak e Rao, 2003; Maruthanayagam e Sharmila, 2004; Remia *et al.*, 2008; Patil e David, 2007 e Vijakumar *et al.*, 2009).

O sangue é um refletor fisiopatológico de todo o organismo e, por conseguinte, os parâmetros sanguíneos são importantes para diagnosticar o estado estrutural e funcional dos peixes expostos a substâncias tóxicas (Adhikari *et al.*, 2004). Os parâmetros hematológicos podem fornecer informações satisfatórias sobre a resposta fisiológica dos peixes a factores de stress ambiental por duas razões principais, a saber, a estreita associação do sistema circulatório com o ambiente externo e a facilidade de disponibilidade do sangue dos peixes (Cazenave *et al.*, 2005; Houston, 1997; Lohner *et al.*, 2001).

Os hidratos de carbono constituem uma das principais fontes de precursores de energia em qualquer situação de stress. O teor total de hidratos de carbono diminuiu durante a exposição ao monocrotofos no peixe respirador de ar *Anabas scandens, tendo-se observado uma* diminuição máxima nos tecidos cerebrais no 21º dia (Yasmeen, *et al.*, 1991). Foi observada uma diminuição do nível de hidratos de carbono no fígado e no músculo de *Heteropneustes fossilis* expostos ao butacloro (Sangeetha Sharma e Agarwal, 2004). O clorpirifos, um composto organofosforado, diminuiu os níveis de glicogénio hepático devido à inativação de enzimas envolvidas no metabolismo dos hidratos de carbono em peixes de água doce, como *Catla catla, Labeo rohita* e *Cirrhinus mrigala* (Tilak *et al.*,2005).

A proteína, sendo uma substância essencial, é necessária para o crescimento e o desenvolvimento e serve também como fonte de energia durante as condições de stress. O nível total de proteínas do músculo e do fígado diminuiu no peixe teleósteo de água doce, *Channa punctatus,* exposto ao Nuvacron (Sastry e Dasgupta, 1991). Foram registadas tendências decrescentes nos tecidos branquial, hepático, muscular e cerebral de *O. mossambicus* expostos ao Quinalfos (Durairaj e Selvarajan, 1992).

Os lípidos são geralmente triglicéridos que podem servir de reservas metabólicas. Os fosfolípidos apresentam uma diminuição rápida, uma vez que são ativamente degradados devido ao stress pesticida (Herpert *et al.,* 1977). Pant *et al. (1987)* registaram uma diminuição do teor de lípidos no fígado do *Barbus chonchonius* exposto ao aldiocarbe durante 15 e 30 dias.

Os métodos histológicos têm sido utilizados para avaliar os efeitos dos poluentes nos organismos aquáticos, uma vez que estes estudos são um testemunho direto dos efeitos deletérios dos tóxicos (Hinton *et al.*,1973). Muitos autores efectuaram estudos histopatológicos sobre a estrutura geral e a função das brânquias, dos ovários, do fígado, dos rins e de outros órgãos dos peixes; Sastri siddique (1979).

Em geral, os pontos finais utilizados nos estudos de toxicidade são a mortalidade, a sobrevivência e o crescimento, com testes de toxicidade aguda, os parâmetros são bastante adequados, mas para concentrações subletais a longo prazo estes parâmetros relevantes são difíceis de determinar (Sulekha *et al.*,2002).

Os pesticidas organofosforados (OP) estão a ser cada vez mais utilizados nos últimos anos, uma vez que são biodegradáveis e, por isso, persistem no ambiente apenas durante um curto período de tempo. Devido à sua baixa persistência, as aplicações repetidas destes pesticidas estão a ser praticadas para o controlo de pragas nos campos agrícolas e, assim, grandes quantidades acabam por chegar às massas de água (Jyothi e Narayan, 1999). Por conseguinte, no presente estudo é feita uma estimativa dos componentes bioquímicos, tais como hidratos de carbono totais, proteínas e lípidos totais, no músculo, fígado, rim e histologia das brânquias e do cérebro e, em seguida, estudos hematológicos do peixe de água doce *Labeo rohita (Hamilton 1882).* exposto ao monocrotofos.

Hoje em dia, os agricultores utilizam monocrotofos nos seus campos para controlar os insectos nocivos. Os resíduos destes pesticidas alteram o ecossistema e perturbam o ambiente saudável e as formas aquáticas. As explorações aquáticas contêm peixes e outros organismos. Mas os peixes são os mais afectados pelos resíduos de pesticidas

CAPÍTULO 2. REVISÃO DA LITERATURA

Parte do problema é a toxicidade de mais pesticidas, mas ainda mais importante é o grande volume de pesticidas utilizados neste país todos os anos, grande parte dos quais encontra o seu caminho para a nossa água, ar e solo. Os estudos mostram que os pesticidas mais utilizados são os mais susceptíveis de causar poluição da água (APHA 1992).

Muthukumaravel, *et al.*(2013) estudaram a toxicidade aguda dos pesticidas no peixe de água doce *Labeo rohita(Ham).* Sivakumar, *et al.* (2013) observaram o impacto do pesticida monocrotofos no consumo de oxigénio do peixe de água doce *Labeo rohita(Ham).* A determinação dos valores da concentração letal (CL50) do hidrossol de *Cinnamomum zeylanicum* em carpas foi estudada por Vedel, *et al.* (1998). Exposição isolada e combinada a amoníaco e nitritos na truta arco-íris *(Oncorhynchus my kiss*). Efcito da toxicidade sub-letal do nitrito nos parâmetros hematológicos de alevins de *Labeo rohita* (Ham) observado por Das, *et al.*(2004).

Ramani, *et a l.* (2002) estudaram as alterações bioquímicas induzidas pelo malatião nos rins do peixe de água doce *Clarias batrachus.* Alteração bioquímica induzida pelo triazofos no plasma sanguíneo do peixe *Channa punctatus* (Bloch), observada por Abdul naveed et al.(2011). Priscilla, *et al.,* (1985).Impacto do hexacloreto de Bensi no metabolismo dos hidratos de carbono e na hematologia do peixe de água doce *Channa punctatus.*Alterações na composição proximal de *Labeo rohita* (Ham.) exposto a uma concentração subletal de monocrotofos. Sangeeta Sharma, *et al.* (2004). Estudo do efeito do butacloro nas alterações induzidas no glicogénio dos tecidos do *peixe Heteropneustes fossilis. Sapna* shrivasatava *et al.*(2002). Estudo do efeito do carboryl no teor de glicose no cérebro de *Heteropneustes fossilis.*

Aruna Khare *et al.* (2002) expressaram o impacto do malatião no teor de proteínas do peixe de água doce *Clarias batrachus.* Estudado por Durairaj, *et al.,* (1992). Sobre a influência do quinalfos, um pesticida organofosforado, nos constituintes bioquímicos dos tecidos do peixe *Oreochromis mossambicus.* Jha, *et al.*(2002).Estudaram o efeito da mistura de pesticidas no teor de proteínas do peixe de água doce *Clarias atrachus.*Kumari e Kumar, (1996).Foram estudados os efeitos dos poluentes na corolização histoquímica das proteínas do peixe *Channa punctatus.* Estudo efectuado por Malla Reddy e Bashamohideen, (1989) sobre o impacto tóxico do fenvalerato no metabolismo das proteínas no tecido brônquico de um peixe *Cyprinus carpio*. Yeragi, *et al.*, (2000) observaram os efeitos do pesticida malatião no metabolismo das proteínas do caranguejo marinho *Uca merionis*.

. Folch, *et al.* (1957) estudaram um método simples para o isolamento e a purificação de lípidos totais de tecidos animais. Tilak, *et al.*, 2005 estudaram as alterações bioquímicas induzidas pelo clorpirifos, um composto organofosforado em concentrações subletais nos peixes de água doce *Catla catla*, *Labeo rohita* e *Cirrhinus mrigala*.

Finney, D.J., (1971) foi estudado pela Análise Probit. Cambridge University. A toxicidade aguda e prolongada para organismos aquáticos de produtos químicos e pesticidas novos e existentes na quimiosfera por Herger (1995). Kumari *et al.*, (1996) propôs por efeitos de poluentes na corolização histoquímica de proteínas no peixe *Channa punctatus*.

Maruthanayagam (2004) estudou as variações bioquímicas induzidas pelo monocrotofos em *Cyprinus carpio* durante o período de exposição e de recuperação. O efeito do monocrotofos no teor de proteínas do caracol de água doce *Pomacea insularam* foi estudado por Mule, M.B. e V.S. Lomte (1992). O efeito do endossulfão e dos seus isómeros nas proteínas dos tecidos, no glicogénio e nos lípidos do peixe *Channapunctatus* foi estudado por Murthy, A.S. e A.P. Devi, (1982).

Nagaraju,B Venkata Rathnamma,V.,(2013) estudaram o efeito do profenofos, um organofosforado, no nível de proteína em alguns tecidos do peixe de água doce *Labeo rohita (Hamilton)*. O efeito do Rogor 30EC (organofosforado) na proteína muscular do peixe de água doce *Lepidocephalecthyes thermalisproposed* por Nisar Shaikh e yeragi, S. G (2004).G (2004).O efeito de um inseticida (Monocrotophos) em alguns constituintes bioquímicos do peixe *Tilapia mossambica* foi estudado por Remia *et al*,(2008).

Singh, N.N., V.K. Das e S.Singh, (1996) estudaram o efeito da aldrina no metabolismo de hidratos de carbono, proteínas e iões de um peixe-gato de água doce *Heteropneustes fossilis. O* efeito do fentoato no nível de proteína do peixe de água doce *Labeo rohita* (Hamilton) foi estudado por Somaiah *et al.*, (2014).Efeitos do inseticida organofosforado, monocrotofos. Sobre a atividade da acetilcolinesterase no cérebro do peixe tilápia *Orecheomosis niloticus estudado por* Thangnipon et al.(1995).

Tilak *et al.* (2005) estudaram as alterações bioquímicas induzidas pelo cloropirifos, um composto organofosforado em concentração subletal, nos peixes de água doce *Catla catla, Labeo rohita* e *Cirrhinus mrigala.* Efeito do quinalfos, um pesticida organofosforado, nos ácidos nucleicos e nas proteínas do peixe de água doce *Channapunctatus* por Vijakumar *et al.,(* 2009).

Visvanathan *et al.*,(2009) estudaram o efeito do malatião e do endossulfão nas alterações bioquímicas em *Channa punctatus.* Yasmeen *et al.*,(1991) estudaram as alterações metabólicas no peixe respirador de ar *Anabus scandens* após exposição prolongada ao endossulfão.

CAPÍTULO 3. MATERIAIS E MÉTODOS

Aclimatação

Foram seleccionados para a experiência peixes de água doce saudáveis, *Labeorohita, com um* peso (15 ± 1g) e um comprimento (8,0 ± 0,5 cm**)**, que foram recolhidos numa exploração comercial local perto de Kumbakonam. Os peixes foram examinados para detetar quaisquer infecções patogénicas. Os aquários de vidro contaminados foram lavados com KMnO4 a 1% para evitar a contaminação por fungos e depois secos à luz do sol. Os peixes saudáveis foram então transferidos para aquários de vidro (35'20'20 cm) contendo água da torneira sem cloro. As características da água da torneira são as seguintes:

Quadro 1: Características da água da torneira

Temperatura	28 ± 2°C
Dureza total	518 ± 23 mg/l
Oxigénio	5,6 ± 0,2 mg/l
Salinidade	1,2 ± 0,13 ppt
P^H	7.8 ± 0.04

Os peixes foram aclimatados às condições de laboratório durante 10 a 15 dias antes da experimentação. A taxa de mortalidade durante a aclimatação foi inferior a 10%. Os peixes foram alimentados regularmente com comida comercial. A água da torneira clorada era mudada diariamente para remover rostos e restos de comida.

Taxonomia dos peixes experimentais :

Filo : Chordata

Classe : Actinopterygii

Ordem : Cypriniformes

Família : Cyprinidae

Género : *Labeo*

Espécie : *L.rohita* (Hamilton, 1882)

Fig :1 Estrutura do *Labeo rohita* :

Características dos pesticidas:

Nome químico	Monocrotofos
Sinónimos	Éster dimetil [1-metil- 3- metilamino)-3-oxo-1-propenil] do ácido fosfórico; Éster dimetílico do ácido (*E*)-fosfórico, com *3-hidroxi-N-metilcrotonamida*; Azodrin, Nuvacron
Fórmula molecular:	C7H14NO5P
Fórmula estrutural:	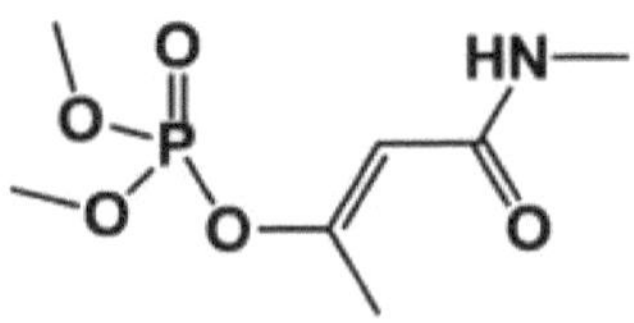
Número CAS	: 6923-22-4
Peso molecular	: 223.2
Ponto de ebulição	: A 0,07 Pa:125oC
Ponto de fusão	: 54-55oC
Pressão de vapor :	3 x 10-4 Pa
Solubilidade em água	:Miscible
Log Poctanol/água	:-0.22
Factores de conversão	: Não aplicável

Ensaio de toxicidade

Os testes de toxicidade foram efectuados de acordo com métodos normalizados (APHA, 1992). Foi preparada uma solução de reserva de monocrotofos 36% CE com uma concentração de 0,1 ml por litro (equivalente a 1 ppm) em água destilada. Com base na bissecção progressiva do intervalo numa escala alogarítmica, as concentrações logarítmicas foram fixadas após a realização do teste de determinação da gama. Os peixes foram submetidos a um período de fome de 24 horas antes de serem utilizados nas experiências, tal como recomendado pelo armazenamento, para evitar qualquer interferência na toxicidade dos pesticidas através dos produtos excretores. Após a adição do tóxico no tanque de ensaio com 10 litros de água e vinte peixes, a mortalidade foi registada após 24, 48, 72 e 96 horas. Foram mantidas cinco réplicas em simultâneo. A percentagem de mortalidade foi calculada e os valores foram transferidos para uma escala probit.

A análise probit foi efectuada como sugerido por Finney (1971). Foram feitas linhas de regressão do probit contra transformações logarítmicas das concentrações. Os limites confidenciais (superior e inferior) da linha de regressão com o teste do qui-quadrado foram calculados por um programa computorizado SPSS Versão 14 para a análise probit de Finney (1971).

1. ESTUDOS HEMATOLÓGICOS

Como já foi indicado, foi utilizado neste estudo *o Labeo rohita.* Os peixes foram mantidos em aquários à temperatura ambiente de 28±2°C. Os peixes foram introduzidos em recipientes com capacidade para dez litros de água contendo o organofosforado específico Monocrotofos. As concentrações utilizadas para esta experiência baseiam-se na experiência anterior, conforme mencionado na Tabela 1. Após o período de recuperação, todos os peixes tratados foram separados dos recipientes experimentais e foram recolhidas amostras de sangue de três indivíduos experimentais de cada grupo, com um intervalo de 24 horas durante a experiência. Os peixes foram recolhidos e limpos suavemente com um pano seco para remover a água. O pedúnculo caudal foi cortado com uma lâmina afiada e o sangue foi recolhido num vidro de relógio contendo EDTA, um anticoagulante (ácido etilenodiaminotetracético a 6%). O sangue foi bem misturado com a solução de EDTA utilizando uma agulha e esta amostra foi utilizada para determinar a contagem de glóbulos vermelhos (RBC), a contagem total de leucócitos (TLC) e o teor de hemoglobina (Hb).

1.1 Contagem de hemácias

Para a contagem de hemácias, seguiu-se um método concebido por Yokayama (1974) e posteriormente modificado por Christensen *et al.* (1978). Para a contagem de hemácias, foi utilizada a pipeta padrão de diluição de hemácias e uma diluição de 1:200. Para a diluição, foi utilizado o líquido de Yokayama. O líquido de diluição consistia em duas partes e foi preparado misturando 800 mg de NaCl, 40 mg de KCl de formalina a 40%, 250 mg de dextrose, 50 mg de $NaHCO_3$ e 40 ml de água destilada com uma parte igual de corante de Wright.

O sangue foi introduzido na pipeta até à marca de 0,5. A ponta da pipeta foi limpa com um papel de filtro para ajustar o volume exatamente à marca 0,5. A pipeta foi imediatamente enchida até à marca 101 com o líquido de diluição. A rotação parcial da pipeta durante o enchimento assegurava a mistura completa do sangue e do fluido de diluição e evitava a coagulação. Com as extremidades presas entre o polegar e o segundo dedo, a pipeta foi então agitada durante 5 minutos, o que garantiu a mistura completa do sangue com o fluido diluente.

Para a contagem das células, foi utilizada a câmara de contagem de Neubauer melhorada. Colocou-se uma lamela de vidro sobre a ranhura H' da câmara. Em seguida, permitiu-se que o sangue entrasse na câmara tocando simplesmente no bordo entre a lamela e a câmara, onde o sangue se espalhou sob a lamela por ação capilar. As áreas de contagem, divididas em 25 quadrados, foram utilizadas para a contagem de hemácias marcadas como E1-E8. Foi dado um período de dois minutos para os corpúsculos assentarem. Para a contagem do número total de hemácias, o número total de células nos cinco quadrados foi multiplicado por 10^6 , o que dá o número total de hemácias por mm^3 de sangue.

1.2 Contagem total de leucócitos (TLC)

Para a contagem do número total de leucócitos, foi utilizada a pipeta com uma esfera branca. O número de células presentes nos quatro quadrados de canto grandes marcados com a letra maiúscula *"L"* foi contado e multiplicado por 10^3 , o que dá o número total de leucócitos por milímetro cúbico de sangue.

1.3 Teor de hemoglobina (Hb)

A determinação da hemoglobina é o meio mais rápido de detetar a anemia. No entanto, sabe-se que muitos factores influenciam o nível de hemoglobina. Para a determinação da hemoglobina, seguiu-se o método de Sahli Hellige. A pipeta de Sahlis foi enchida ligeiramente acima da marca dos 20 mm, a pipeta foi limpa com papel de filtro ou algodão para remover o excesso de sangue e o volume foi ajustado para exatamente 20 mm^3 , limpando a ponta. O sangue foi expelido para um tubo de ensaio calibrado (de transmissão) contendo 2 ml de HCl 0,1 N. A pipeta foi lavada várias vezes com a solução ácida. A amostra foi deixada em repouso durante 15 minutos.

O princípio subjacente ao método é a conversão da hemoglobina em hematina ácida. A hematina ácida é então diluída com água destilada até que a cor coincida com a cor do padrão no hemoglobinómetro. A altura da coluna em que a cor coincide com a do padrão dá o valor da hemoglobina em g%. O transporte de oxigénio do sangue foi calculado multiplicando o teor de hemoglobina por 1,25, o poder de combinação de oxigénio da Hb /g (Johansen, 1970).

2. ANÁLISE BIOQUÍMICA

2.1. Estimativa dos hidratos de carbono totais:

O teor de hidratos de carbono totais foi estimado pela técnica de Roe (1955). Foi preparado um homogenato de tecido a 10% com TCA a 5% e centrifugado a 3000 rpm durante 10 minutos. As amostras foram arrefecidas no escuro à temperatura ambiente durante 30 minutos. Recolheu-se o sobrenadante e mediu-se a densidade ótica num espetrofotómetro (Hitachi 2205) a um comprimento de onda de 620 nm, com uma leitura em branco. O branco foi preparado misturando 1 ml de água destilada com 4 ml de reagente de Biureto. Teor de hidratos de carbono totais em mg/g de tecido.

2.2 Estimativa de proteínas totais:

A proteína foi estimada pelo método de Lowry *et al.,* (1951). Foi preparado 1% de homogenato de tecido em TCA a 10% e centrifugado a 3000 rpm durante 15 minutos. O galset foi dissolvido em 1 ml de NaOH 1N, ao qual foram adicionados 5 ml de reagente de cobre alcalino e, após 10 minutos, foram medidos 0,5 ml de reagente de folina-fenol e rapidamente O teor de humidade foi estimado subtraindo o peso seco (seco numa estufa de ar quente) do tecido muscular do peso húmido conhecido do tecido muscular.

2.3 Estimativa de lípidos:

Para determinar os lípidos totais, homogeneizou-se um volume conhecido de amostras experimentais com 1 ml de metanol e 2 ml de clorofórmio, aos quais se adicionou novamente 2 ml de clorofórmio : metanol (2:1 v/v) e misturou-se bem. Adicionou-se uma solução de cloreto de sódio a 0,2 ml- 0,09 %. A mistura acima referida foi vertida num funil separado, misturada e deixada em repouso durante algumas horas.

A fase inferior foi separada e mediu-se 0,5 ml de extrato, que foi vertido num tubo de ensaio limpo. Deixou-se repousar em dedicadores de vácuo sobre sílica gel, dissolveu-se em 0,5 ml de ácido sulfúrico concentrado e misturou-se bem. Tapar o tubo com algodão não absorvente e colocá-lo num banho de água a ferver durante 10 minutos, arrefecendo os tubos à temperatura ambiente. Para a análise experimental, foram retirados 0,3 ml desta digestão ácida. 0,5 mg de colesterol para o suporte e 0,5 ml de água destilada para o branco, separadamente. Em cada tubo, foram adicionados 5 ml de reagente de vanilina. Misturou-se bem e deixou-se repousar durante meia hora e a cor desenvolvida foi medida a 250 nm.

3. MÉTODO HISTOLÓGICO

Geralmente, a maioria dos estudos histológicos é efectuada em células ou tecidos mortos. Para os estudos microscópicos, as células ou os tecidos têm de passar por processos como a fixação, a desidratação, a incorporação, a secção e a coloração (Gurr, 1950).

Fixação:

O termo fixação significa imobilizar a atividade biológica. A solução de fixação desempenha as seguintes funções. Evita a decomposição bacteriana e a autólise das células, torna os componentes da célula estáveis, reduz a visibilidade dos diferentes componentes celulares e prepara as células para a coloração.

No presente estudo, aos 10, 20 e 30th dias, os peixes foram retirados, sacrificados e os tecidos do fígado e do músculo foram excisados. Depois de os cortar em pequenos pedaços, foram imediatamente transferidos para o fixador.

Fixação química:

A escolha do fixador adequado depende geralmente do tipo de análise e da natureza química das diferentes células. No presente estudo, foi utilizada como fixador a solução alcoólica de Bouin. O líquido de Bouins é preparado da seguinte forma

Ácido pícrico - 1gm

Formaldeído a 5% -60 ml

Ácido acético glacial - 15 ml

Álcool a 80% - 150 ml

O período de fixação foi de 1-3 dias. Os tecidos foram fixados em fixador recentemente preparado e, após o período de fixação, foram transferidos diretamente para álcool a 70%.

Desidratação

Após a fixação, as moléculas de água das células ou tecidos são removidas. Este processo é conhecido como desidratação. No presente estudo, foram utilizados graus de álcool progressivamente mais elevados, preparados a partir de álcool rectificado, para desidratar os tecidos. Os graus utilizados para a desidratação foram 30%, 50%, 70%, 90% e 100% (álcool absoluto).

Na desidratação por etapas, os tecidos foram mantidos juntamente com os graus progressivos de álcool durante o seguinte período: 30% e 50% durante 5 a 10 horas: em 70% durante 10 a 12 horas: grau 90% durante 10 a 12 horas: grau 90% durante cerca de 15 horas e grau 100% de álcool absoluto durante 6 a 8 horas.

Desobstrução e fixação

O xileno foi utilizado como agente de limpeza, uma vez que os tecidos contêm álcool. Por isso, tem de ser removido do tecido para o tornar firme para efeitos de corte da secção. Os tecidos foram mantidos em xileno durante cerca de 2 a 4 horas. O xileno não só provocava a infiltração da parafina nos tecidos, como também os tornava transparentes, removendo a sua opacidade. Procedeu-se à infiltração a quente e a frio, de modo a garantir que todo o xileno/espaço de ar fosse substituído por cera de parafina.

Incorporação

No processo de incorporação, o material foi incorporado em determinados suportes de dureza suficiente para cortar secções finas no micrótomo. Foi utilizada cera de parafina no processo de inclusão. O processo de inclusão envolve a imersão do tecido em cera derretida a uma temperatura padrão (60°c), coincidente com o ponto de fusão do meio de inclusão utilizado, e evita o excesso de temperatura para garantir a correcta conservação do tecido.

Fabrico de blocos

Depois de embeber o tecido com cera, este foi moldado num bloco de parafina. Este processo é conhecido como fabrico de blocos ou moldagem de blocos. O molde de peças em "L" foi ajustado de forma a acomodar o objeto. O molde foi preenchido com cera de parafina derretida. O tecido impregnado foi colocado no molde de acordo com o plano de secção necessário. Imediatamente, a ponta quente da agulha foi movida na cera derretida em todas as lâminas do tecido. Isto foi feito para remover as bolhas de ar. A etiqueta com todos os pormenores do tecido foi fixada num dos lados do molde. Sopra-se suavemente o ar sobre o molde; a cera forma uma camada fina na superfície. Mergulha-se o molde em água fria para arrefecer rapidamente a cera. Quando o bloco ficou sólido, foi retirado da água.

Aparar o bloco

O bloco preparado foi cortado na forma correcta para o corte da secção.

Montagem do bloco

O bloco aparado foi fixado num suporte e inserido nas mandíbulas do micrótomo.

Corte de secção

O bloco aparado anexado foi cortado em secções finas com a espessura desejada do micrótomo.

Montar e estender a fita

Para a montagem do material, foram utilizadas lâminas de vidro. As lâminas foram untadas com albumina adesiva, uma vez que a secção deve permanecer fixa à lâmina durante a coloração subsequente. Colocou-se um pequeno pedaço de fita numa lâmina e inundou-a com água através de um conta-gotas. Em seguida, a lâmina foi colocada numa placa quente para aquecer a água; deste modo, as fitas de parafina começaram a esticar. Pouco depois de a fita estar completamente esticada, as lâminas foram retiradas da placa quente e a água foi drenada e deixada a secar.

Etiquetagem

Utilizando um lápis de diamante, as lâminas foram etiquetadas depois de estarem completamente secas.

Processo de coloração

A lâmina foi mantida em xileno durante 30 minutos a 1 hora para desparafinar. Em seguida, as lâminas foram submetidas a uma série de descolorações de 100%, 90%, 80%, 70%, 50% e 30% de álcool etílico e água. Em primeiro lugar, as lâminas foram coradas com hematoxilina durante 2 a 5 minutos e, em seguida, foram lavadas com água. Em seguida, as lâminas foram desidratadas, passando por séries alcoólicas de ordem ascendente até ao álcool a 70%. Em segundo lugar, as lâminas foram coradas com eosina durante 2 passagens rápidas e, em seguida, lavadas com álcool fresco a 70%. A desidratação foi efectuada através de graus ascendentes de álcool etílico a 80%, 90% e, em seguida, álcool absoluto I e II durante 5 a 10 minutos. As lâminas foram deixadas em álcool absoluto até à desidratação completa. Em seguida, as lâminas foram transferidas para xileno I para clarificação. Efectuaram-se uma ou duas mudanças de xileno e, finalmente, montaram-se as lâminas em DPX.

CAPÍTULO 4. RESULTADOS

1.1 Parâmetros hematológicos

No que diz respeito à hematologia, o presente estudo ilustra o facto de se ter verificado uma diminuição gradual dos parâmetros hematológicos, como o número de hemácias e o teor de hemoglobina, e um aumento gradual do número de leucócitos, o que foi efetivamente causado pelo pesticida. O pesticida monocrotofos apresenta uma dependência significativa da dose. Verificou-se uma redução mínima dos glóbulos vermelhos no nível de controlo e os mesmos peixes foram tratados com uma concentração baixa em exposições a curto prazo de 0,40 ppm durante 24, 48, 72 e 96 horas. Ao mesmo tempo, foi observada uma redução máxima.

A partir da tabela (1), é evidente que os valores normais dos parâmetros sanguíneos do conteúdo de Hb nas 24 horas de exposição foram 8,8 Hbg/100ml e nas 96 horas de exposição 7,9 Hbg/100ml. Os restantes valores normais de 48 e 72 horas foram apresentados na tabela (1). O teor de hemoglobina encontrado no peixe de controlo (água sem pesticidas) após uma exposição de 96 horas foi de 7,9 Hbg/ 100ml. Mais tarde, quando o peixe foi introduzido a uma concentração mais baixa, de 0,40ppm, a sua contagem foi de 8,2 Hbg/ 100ml em 24 horas e de 7,7 Hbg/ 100ml em 96 horas de exposição, o teor de hemoglobina diminuiu 2,5%. O teor de hemácias nas 24 horas de exposição foi de 2,95 x10^6 /mm e nas 96 horas de exposição foi de 2,70^x 10^6 /cmm. Os restantes valores normais de 48 e 72 horas foram apresentados na tabela 1. O conteúdo de hemácias encontrado no peixe de controlo após uma exposição de 96 horas foi de 2,95^x 10^6 /cmm. Mais tarde, quando o peixe foi introduzido numa concentração mais baixa, de 0,40ppm, a sua contagem foi de 2,84^x 10^6 / cmm em 24 horas e de 2,50^x 10^6 /cmm em 96 horas, tendo o teor de hemácias diminuído 7,4%.

A partir da tabela (1), é evidente que os valores normais dos parâmetros sanguíneos do conteúdo de leucócitos durante 24 horas de exposição foram 9740^x 10^3 /cmm 96 horas de exposição 9780^x 10^3 /cmm. Os restantes valores normais de 48 e 72 horas foram apresentados na tabela (1). O conteúdo de leucócitos encontrado no peixe de controlo após uma exposição de 96 horas foi de 9780^x 10^3 /cmm. Mais tarde, quando o peixe foi introduzido a uma concentração mais baixa de 0,40ppm, a sua contagem foi de 24 horas 9780^x 10^3 /cmm e às 96 horas 10110^x 10^3 /cmm o conteúdo de leucócitos aumentou em -3,37%.

Durante as experiências, a contagem de glóbulos brancos (WBC) aumentou cada vez mais durante um período de exposição prolongado. O aumento consistente dos leucócitos indica que o stress do monocrotofos estimula certamente a produção de mais leucócitos nas horas de exposição.

Tabela 1: Conteúdo total de Hb, RBC, WBC, no sangue de *L.rohita controlo e concentração subletal de 0,40ppm de monocrotofos 36%.EC.em* vários intervalos de tempo (os valores são expressos em mgs.)

Sangue	Horas de exposição			
Hbg/100ml	**24 horas**	**48 horas**	**72 horas**	**96 horas**
Controlo	8.8 ± 0.1	8.6 ± 0.1	8.2 ± 0.72	7.9 ± 0.30
Tratamento	8.2 ± 0.72	8.1 ± 0.30	7.9 ± 0.26	7.7 ± 0.06
Alterações em %	6.8	5.8	3.6	2.5

Os valores são a média ± DP de seis observações - ou + indicam uma diminuição ou um aumento percentual em relação ao controlo.

Sangue	Horas de exposição			
RBC/10 cmm^6	**24 horas**	**48 horas**	**72 horas**	**96 horas**
Controlo	2.95 ± 0.52	2.85 ± 0.75	2.75 ± 0.75	2.70 ± 0.59
Tratamento	2.84 ± 0.23	2.70 ± 0.35	2.60 ± 0.47	2.50 ± 0.75
Alterações em %	3.7	5.5	5.5	7.4

Os valores são a média ± DP de seis observações - ou + indicam uma diminuição ou um aumento percentual em relação ao controlo.

Sangue	Horas de exposição			
WBC/10 cmm^3	**24 horas**	**48 horas**	**72 horas**	**96 horas**
Controlo	9740 ± 0.12	9765 ± 0.15	9770 ± 0.85	9780 ± 0.13
Tratamento	9780 ± 0.25	9820 ± 0.87	9980 ± 0.90	10110 ± 0.88
Alterações em %	-0.41	-0.56	-2.14	-3.37

Os valores são a média ± DP de seis observações - ou + indicam uma diminuição ou um aumento percentual em relação ao controlo.

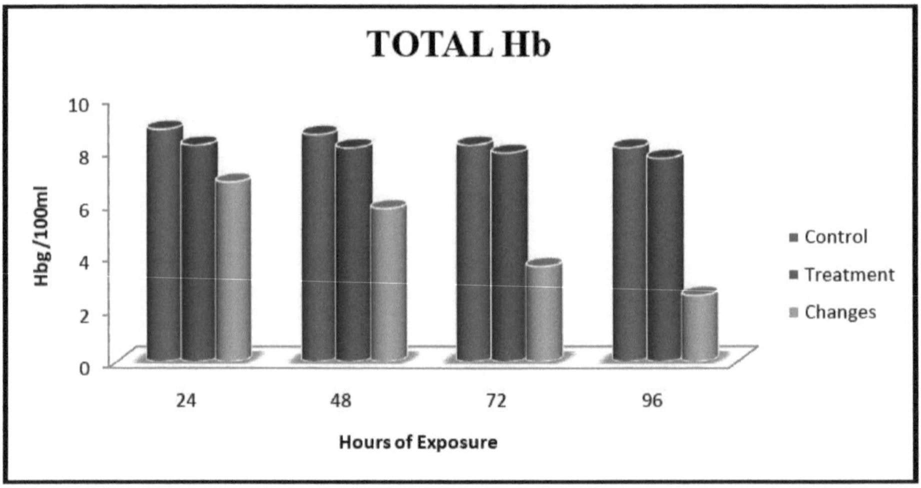

Quadro 1: Conteúdo total de Hb no sangue de *L.rohita, controlo e concentração subletal de 0,40ppm de monocrotofos 36%.EC em* vários intervalos de tempo (os valores são expressos em mgs.)

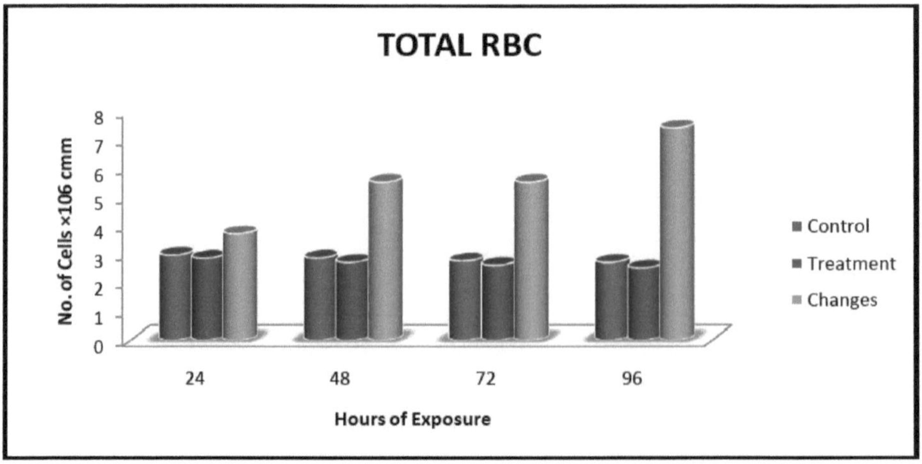

Tabela 2: Conteúdo total de hemácias no sangue de *L.rohita controlo e concentração subletal de 0,40ppm de monocrotofos 36%.EC em* vários intervalos de tempo (os valores são expressos em mgs.)

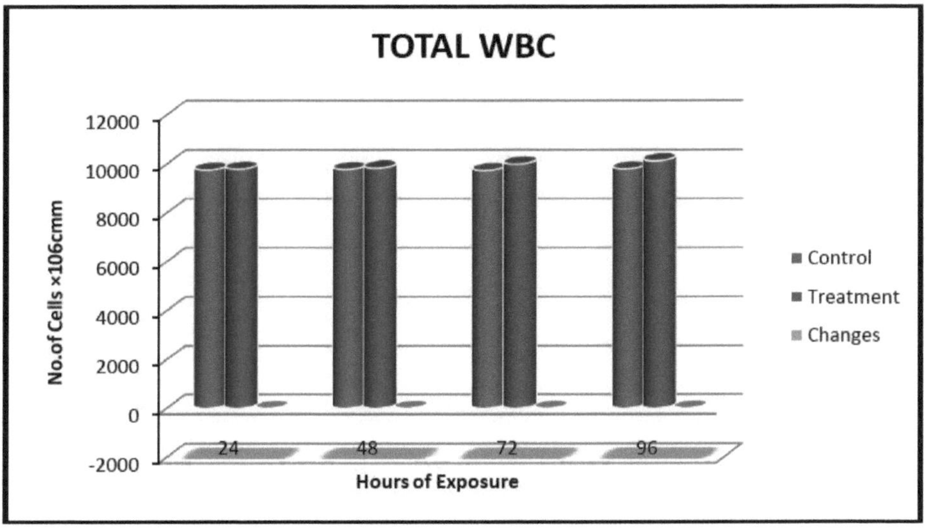

Tabela 3: Conteúdo total de leucócitos no sangue de *L.rohita controlo e concentração subletal de 0,40ppm de monocrotofos 36%.EC.em* vários intervalos de tempo (os valores são expressos em mgs.)

1.2 ESTUDOS BIOQUÍMICOS

CARBOIDRATO:

No decurso das experiências, foram efectuadas observações para avaliar a reação do animal ao efeito tóxico do pesticida monocrotofos. A partir do quadro (1), é evidente que o teor normal de hidratos de carbono no músculo é de 7,54 mg/g após o período de exposição de 24 horas. Os hidratos de carbono foram reduzidos para 6,83 mg/g e 5,91 mg/g 4,77 mg/g, respetivamente, durante 48, 72 e 96 horas de exposição. O peixe foi introduzido numa concentração subletal de 0,40 ppm e os hidratos de carbono foram reduzidos para 6,27 mg/g às 24 horas e 3,81 mg/g às 96 horas, respetivamente, durante o período de exposição. O pesticida Monocrotophos diminuiu o teor de hidratos de carbono. Tal como os hidratos de carbono no fígado, o quadro (2) mostra que o teor normal de hidratos de carbono no fígado é de 18,55 mg/g após o período de exposição de 24 horas. Os hidratos de carbono foram reduzidos para 18,48 mg/g e 18,45 mg/g e 18,39 mg/g, respetivamente, durante 48, 72 e 96 horas do período de exposição. Os peixes foram introduzidos numa concentração subletal de 0,40 ppm, tendo os hidratos de carbono sido reduzidos para 14,51 mg/g às 24 horas e 13,71 mg/g às 96 horas, respetivamente, durante o período de exposição.

A partir do quadro (3), é evidente que o hidrato de carbono normal no rim é de 1,55 mg/g após o período de exposição de 24 horas. Os hidratos de carbono foram reduzidos para 1,18 mg/g e 1,05 mg/g, respetivamente, durante 48, 72 e 96 horas do período de exposição. O peixe foi introduzido numa concentração subletal de 0,40ppm e os hidratos de carbono foram reduzidos para 1,05 mg/g às 24 horas e 0,53 mg/g às 96 horas, respetivamente, durante o período de exposição.

PROTEÍNA:

A partir da tabela (1), é evidente que a proteína normal no músculo é de 24,27 mg/g após o período de exposição de 24 horas. Os hidratos de carbono foram reduzidos para 21,98 mg/g e 20,12 mg/g 18,82 mg/g, respetivamente, durante 48, 72 e 96 horas do período de exposição. Os peixes foram introduzidos numa concentração subletal de 0,40 ppm, tendo as proteínas sido reduzidas para 22,75 mg/g em 24 horas e 17,40 mg/g em 96 horas, respetivamente, durante o período de exposição. Com o pesticida Monocrotophos, o teor de proteínas diminuiu de forma ordenada. A partir da tabela (2), é evidente que a proteína normal no fígado é de 24,24 mg/g após o período de exposição de 24 horas. A proteína foi reduzida para 24,0 mg/g e 23,77 mg/g 23,55 mg/g, respetivamente, durante 48, 72 e 96 horas do período de exposição. O peixe foi introduzido numa concentração subletal de 0,40 ppm, tendo a proteína sido reduzida para 19,95 mg/g às 24 horas e 19,41 mg/g às 96 horas, respetivamente, durante o período de exposição. O pesticida Monocrotophos diminuiu o teor de proteínas na ordem.

A partir da tabela (3), é evidente que a proteína normal no rim é de 10,71 mg/g após o período de exposição de 24 horas. A proteína foi reduzida para 10,59 mg/g e 10,41 mg/g 10,33 mg/g, respetivamente, durante 48, 72 e 96 horas do período de exposição. Quando o peixe foi introduzido numa concentração subletal de 0,40 ppm, a proteína foi reduzida para 8,25 mg/g em 24 horas e 7,83 mg/g em 96 horas, respetivamente, durante o período de exposição. O pesticida Monocrotophos diminuiu o teor de proteínas.

LÍPIDO:

A partir da tabela (1), é evidente que o lípido normal no músculo é de 1,95 mg/g após o período de exposição de 24 horas. O lípido foi reduzido para 1,85 mg/g e 1,83 mg/g 1,65 mg/g, respetivamente, durante 48, 72 e 96 horas do período de exposição. O peixe foi introduzido numa concentração subletal de 0,40 ppm e as proteínas foram reduzidas para 1,89 mg/g em 24 horas e 1,53 mg/g em 96 horas, respetivamente, durante o período de exposição. O pesticida Monocrotophos diminuiu o teor de lípidos. A partir do quadro (2), é evidente que o lípido normal no fígado era de 8,1 mg/g após o período de exposição de 24 horas. Os lípidos foram reduzidos para 7,51 mg/g e 6,94 mg/g 6,54 mg/g, respetivamente, durante 48, 72 e 96 horas do período de exposição. Os peixes foram introduzidos numa concentração subletal de 0,40 ppm, tendo os lípidos sido reduzidos para 6,15 mg/g às 24 horas e 5,55 mg/g às 96 horas, respetivamente, durante o período de exposição. Com o pesticida Monocrotophos, o teor de lípidos diminuiu de forma ordenada.

A partir da tabela (3) é evidente que o lípido normal no rim é de 3,09 mg/g após o período de exposição de 24 horas. Os lípidos foram reduzidos para 2,85 mg/g e 2,73 mg/g 2,61 mg/g, respetivamente, durante 48, 72 e 96 horas do período de exposição. O peixe foi introduzido numa concentração subletal de 0,40 ppm, tendo o lípido sido reduzido para 2,43 mg/g às 24 horas e 2,01 mg/g às 96 horas, respetivamente, durante o período de exposição. Com o pesticida Monocrotophos, o teor de lípidos diminuiu de forma ordenada.

Quadro 1: Teor total de hidratos de carbono, proteínas e lípidos nos músculos de *L.rohita, controlo e concentração subletal de 0,40ppm de monocrotofos 36%.EC em* vários intervalos de tempo (os valores são expressos em mgs.)

Músculos	Horas de exposição			
Hidratos de carbono	**24 horas**	**48 horas**	**72 horas**	**96 horas**
Controlo	7.54 ± 0.19	6.83 ± 0.19	5.91 ± 0.04	4.77 ± 0.09
Tratamento	6.27 ± 0.61	6.05 ± 0.02	4.86 ± 0.03	3.81 ± 0.02
Alterações em %	16.8	11.0	17.7	20.12

Os valores são a média ± DP de seis observações - ou + indicam uma diminuição ou um aumento percentual em relação ao controlo.

Músculos	Horas de exposição			
Proteína	**24 horas**	**48 horas**	**72 horas**	**96 horas**
Controlo	24.27 ± 0.05	21.98 ± 0.02	20.12 ± 0.04	18.82 ± 0.03
Tratamento	22.75 ± 0.03	19.89 ± 0.12	19.25 ± 0.06	18.40 ± 0.08

Alterações em %	6.2	9.5	4.32	2.23

Os valores são a média ± DP de seis observações - ou + indicam uma diminuição ou um aumento percentual em relação ao controlo.

Músculos	**Horas de exposição**			
Lípidos	**24 horas**	**48 horas**	**72 horas**	**96 horas**
Controlo	1.95 ± 0.01	1.85 ± 0.01	1.83 ± 0.01	1.65 ± 0.01
Tratamento	1.89 ± 0.02	1.88 ± 0.01	1.79 ± 0.01	1.53 ± 0.01
Alterações em %	3.07	-1.62	2.18	7.27

Os valores são a média ± DP de seis observações - ou + indicam uma diminuição ou um aumento percentual em relação ao controlo.

Quadro 2: Conteúdo total de hidratos de carbono, proteínas e lípidos no fígado de *L. rohita, controlo e concentração subletal de 0,40ppm de monocrotofos 36%.EC em* vários intervalos de tempo (os valores são expressos em mgs.)

Fígado	**Horas de exposição**			
Hidratos de carbono	**24 horas**	**48 horas**	**72 horas**	**96 horas**
Controlo	18.55 ± 0.02	18.48 ± 0.02	18.45 ± 0.01	18.39 ± 0.02
Tratamento	14.51 ± 0.02	14.13 ± 0.01	13.99 ± 0.02	13.71 ± 0.01
Alterações em %	21.7	23.5	24.17	25.4

Os valores são a média ± DP de seis observações - ou + indicam uma diminuição ou um aumento percentual em relação ao controlo.

Fígado	**Horas de exposição**			
Proteína	**24 horas**	**48 horas**	**72 horas**	**96 horas**
Controlo	24.24 ± 0.02	24.00 ± 0.02	23.77 ±0.01	23.55 ± 0.01
Tratamento	19.95 ± 0.01	19.89 ± 0.01	19.59 ± 0.01	19.41 ± 0.01
Alterações em %	17.6	17.12	17.58	17.57

Os valores são a média ± DP de seis observações - ou + indicam uma diminuição ou um aumento percentual em relação ao controlo.

Fígado	**Horas de exposição**			
Lípidos	**24 horas**	**48 horas**	**72 horas**	**96 horas**
Controlo	8.11 ± 0.19	7.51 ± 0.19	6.54 ± 0.13	5.95 ± 0.05
Tratamento	6.15 ± 0.01	5.91 ± 0.05	5.79 ± 0.01	5.55 ± 0.01
Alterações em %	31.86	21.30	11.46	6.72

Os valores são a média ± DP de seis observações - ou + indicam uma diminuição ou um aumento percentual em relação ao controlo.

Quadro 3: Teor total de hidratos de carbono, proteínas e lípidos nos rins de *L. rohita no controlo e na concentração subletal de 0,40 ppm de monocrotofos 36%.EC em* vários intervalos de tempo (os valores são expressos em mgs.)

rim	Horas de exposição			
Hidratos de carbono	**24 horas**	**48 horas**	**72 horas**	**96 horas**
Controlo	1.55 ± 0.03	1.18 ± 0.019	1.05 ± 0.01	0.87 ± 0.03
Tratamento	1.05 ± 0.01	0.89 ± 0.01	0.66 ± 0.13	0.53 ± 0.02
Alterações em %	32.25	24.57	37.14	39.08

Os valores são a média ± DP de seis observações - ou + indicam uma diminuição ou um aumento percentual em relação ao controlo.

Rim	Horas de exposição			
Proteína	**24 horas**	**48 horas**	**72 horas**	**96 horas**
Controlo	10.71 ± 0.01	10.59 ± 0.01	10.41 ± 0.01	10.33 ± 0.01
Tratamento	8.25 ± 0.02	8.13 ± 0.01	8.01 ± 0.01	7.83 ± 0.01
Alterações em %	22.96	23.22	23.05	24.20

Os valores são a média ± DP de seis observações - ou + indicam uma diminuição ou um aumento percentual em relação ao controlo.

Rim	Horas de exposição			
Lípidos	**24 horas**	**48 horas**	**72 horas**	**96 horas**
Controlo	3.09 ± 0.01	2.85 ± 0.01	2.73 ± 0.01	2.61 ± 0.09
Tratamento	2.43 ± 0.01	2.31 ± 0.01	2.13 ± 0.01	2.01 ± 0.01
Alterações em %	21.35	18.94	21.97	22.98

Os valores são a média ± DP de seis observações - ou + indicam uma diminuição ou um aumento percentual em relação ao controlo.

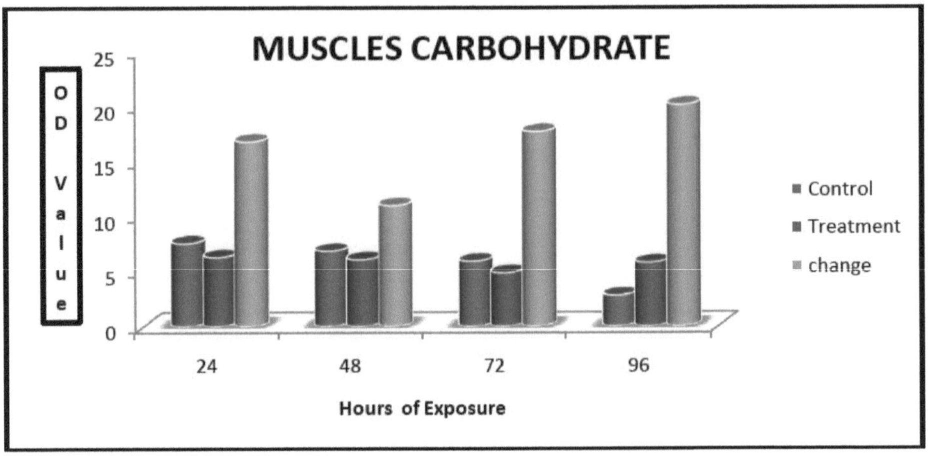

Fig 1 :Teor de hidratos de carbono totais nos músculos de *L. rohita controlo e concentração subletal de 0,40ppm de monocrotofos 36%.EC.em* vários intervalos de tempo (os valores são expressos em mgs.)

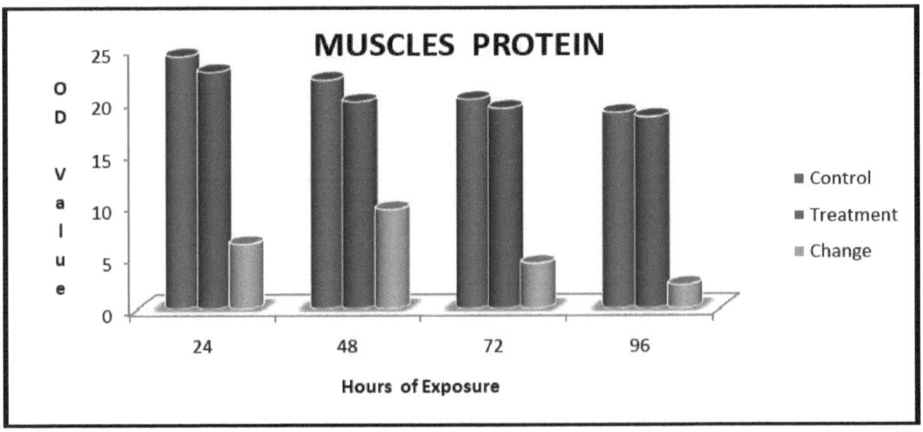

Fig 2 : Conteúdo total de proteínas nos músculos *de L. rohita controlo e concentração subletal de 0,40ppm de monocrotofos 36%.EC.em* vários intervalos de tempo (os valores são expressos em mgs.

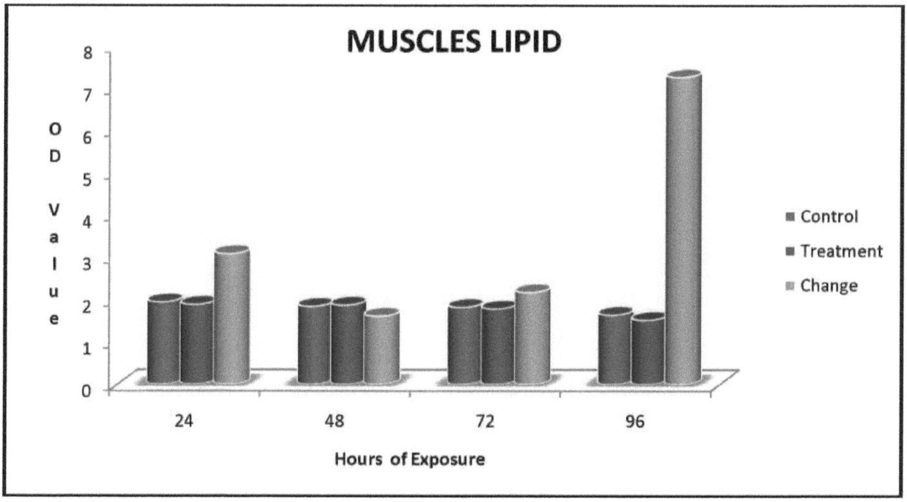

Fig 3 : Conteúdo total de lípidos nos músculos ***de L.rohita, controlo e concentração subletal de 0,40ppm de monocrotofos 36%.EC.em*** **vários intervalos de tempo** (os valores são expressos em mgs.

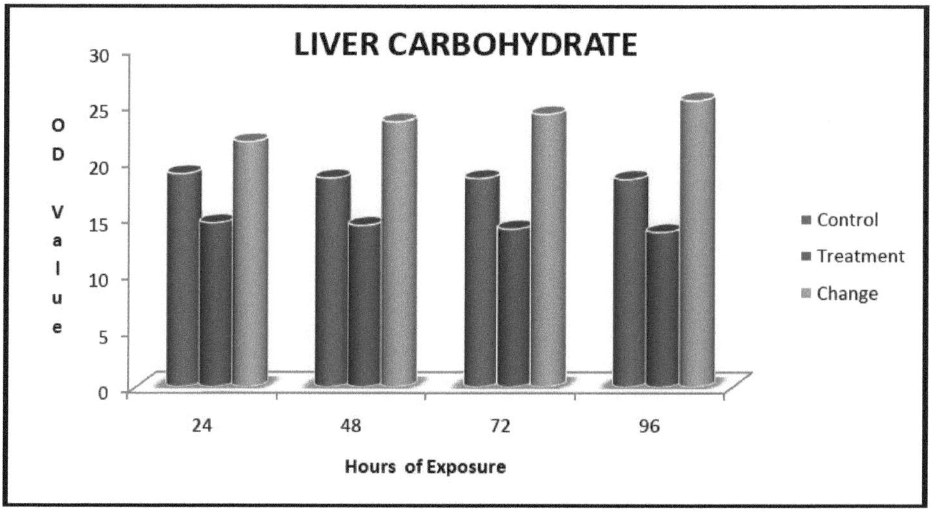

Fig 4 : Teor de hidratos de carbono totais no fígado ***de L.rohita controlo e concentração subletal de 0,40ppm de monocrotofos 36%.EC.em*** **vários intervalos de tempo** (os valores são expressos em mgs.)

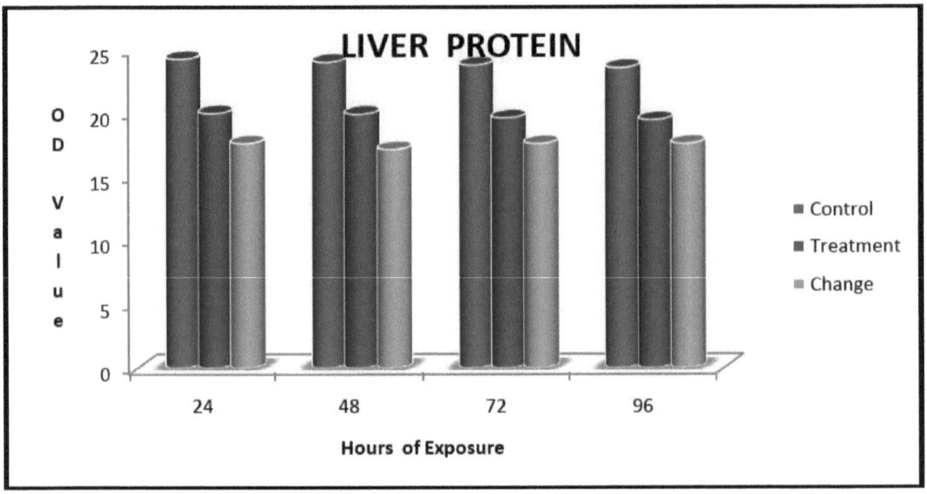

Fig 5 : **Conteúdo de proteínas totais no fígado** ***de L.rohita controlo e concentração subletal de 0,40ppm de monocrotofos 36%.EC.em*** **vários intervalos de tempo** (os valores são expressos em mgs.)

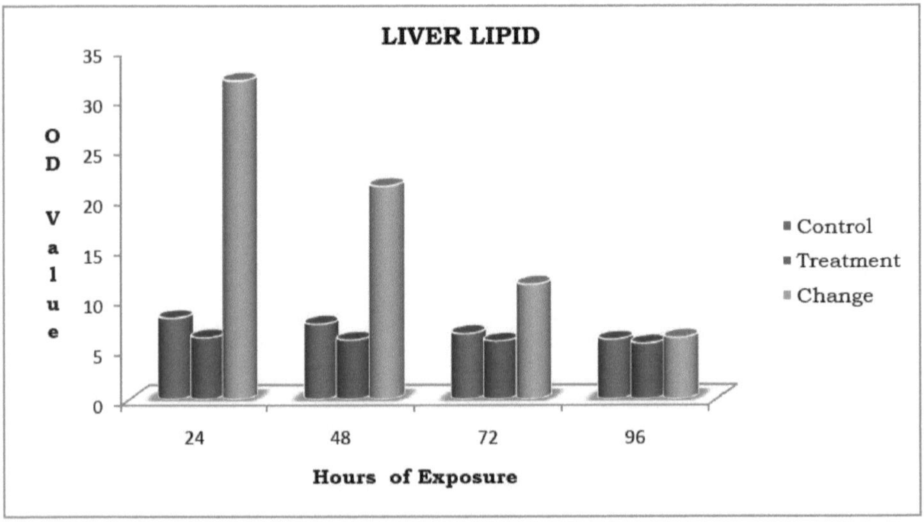

Fig 6 : **Conteúdo total de lípidos no fígado** ***de L.rohita controlo e concentração subletal de 0,40ppm de monocrotofos 36%.EC.em*** **vários intervalos de tempo** (os valores são expressos em mgs.)

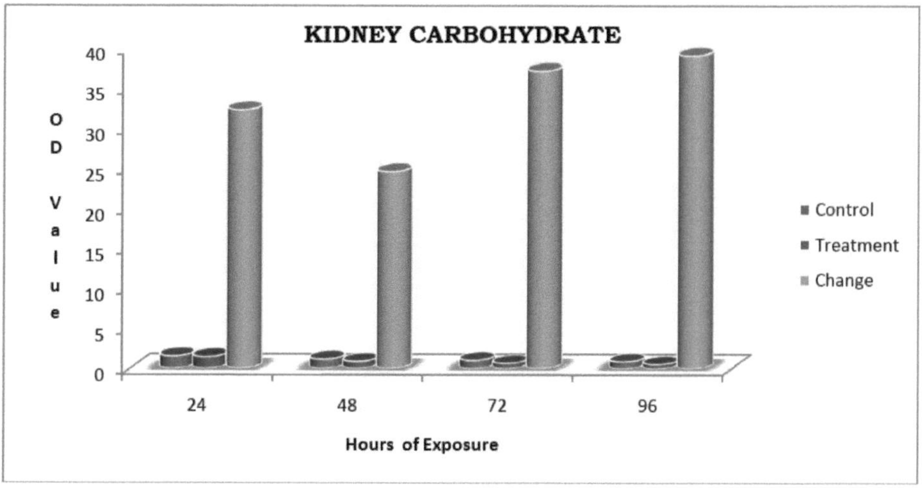

Fig 7 : Conteúdo total de hidratos de carbono no rim ***de L.rohita controlo e concentração subletal de 0,40ppm de monocrotofos 36%.EC.em*** **vários intervalos de tempo** (os valores são expressos em mgs.)

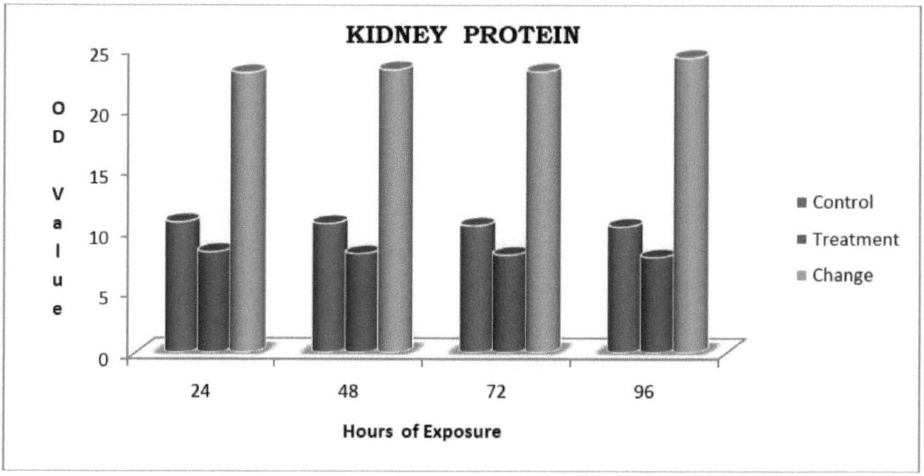

Fig 8 : Conteúdo total de proteínas no rim ***de L.rohita no controlo e na concentração subletal de 0,40ppm de monocrotofos 36%.EC em*** **vários intervalos de tempo** (os valores são expressos em mgs.)

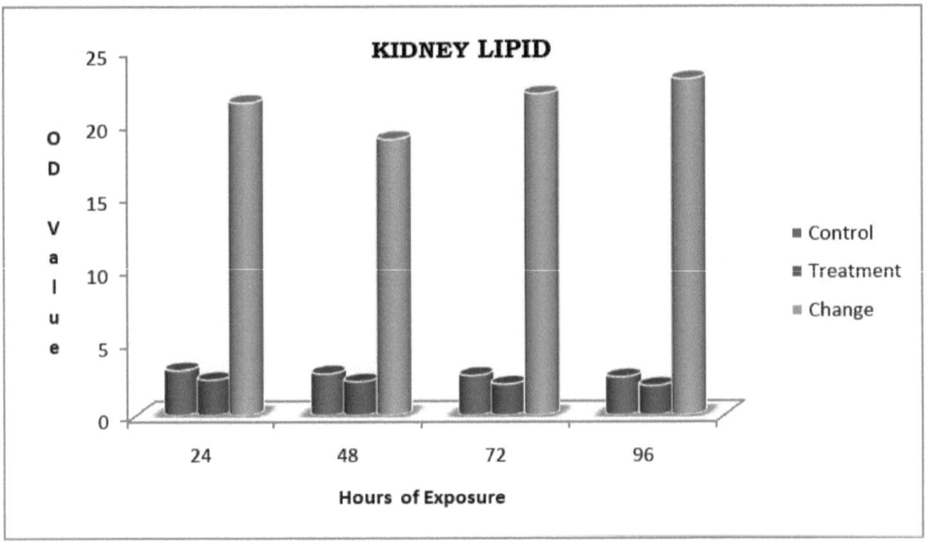

Fig 9 : Conteúdo total de lípidos no rim ***de L.rohita controlo e concentração subletal de 0,40ppm de monocrotofos 36%.EC.em*** **vários intervalos de tempo** (os valores são expressos em mgs.)

1.3 ESTUDOS HISTOPATOLÓGICOS

GILL:

Geralmente, a histologia do tecido branquial consiste em lamelas branquiais observadas na câmara branquial (placa:1) e cobertas pelo opérculo. Cada arco branquial tem duas filas de filamentos branquiais primários (lamelas). Estes filamentos estão unidos na base por um septo branquial (pate). As lamelas branquiais primárias (PGL) são estruturas planas e vivas, com um eixo de suporte central em forma de haste (CA) e com uma fila de lamelas branquiais secundárias (SGL) de cada lado. Estão situadas lateralmente de cada lado do septo interbranquial. As lamelas branquiais secundárias (SGL) são também conhecidas como lamelas respiratórias (fig. 2).

A lamela branquial secundária é coberta por finas camadas de células epiteliais (CE), separadas por células mucosas (CM) e eritrócitos. São também separadas por uma série de células peculiares chamadas células pilares (PC) e suportadas por uma membrana basal. Os vasos sanguíneos podem ser vistos estendidos em cada lamela secundária das brânquias. As células sanguíneas têm um único núcleo, de aspeto achatado. Nas lamelas branquiais secundárias, o sangue circula através de espaços formados entre as células pilares individuais. O epitélio forma uma barreira entre o sangue do peixe e a água circundante. As trocas gasosas necessárias à manutenção da vida ocorrem através desta barreira. A histologia das brânquias de controlo é apresentada na (Placa :1, Fig:1).

Os efeitos patológicos nas brânquias incluem as seguintes alterações degenerativas e estas alterações foram observadas nas Figuras 5 a 8 (Placa: 2). As alterações patológicas da exposição a pesticidas incluem a degeneração das células epiteliais e a necrose das células epiteliais interlamelares. Durante a exposição prolongada, observou-se o enrolamento das lamelas secundárias, o epitélio edematoso das lamelas secundárias e a hipertrofia do epitélio secundário.

CÉREBRO:

De um modo geral, a histologia do tecido cerebral é constituída por duas partes principais, o cerebelo e a medula oblonga, cobertas pela testa (placa: 3, fig: 1). Cada uma das partes do cérebro está ligada ao tubo ótico, que é um órgão sensitivo. O cérebro é coberto pela camada meníngea prinita e apresenta células neuronais e células nissl subsataneas e piromidiais.

O cérebro é coberto por uma camada de meninge prinita. Os vasos sanguíneos podem ser vistos no controlo (placa: 3, fig: 1 a 4). O cérebro do peixe de controlo tem células cerebrais bem desenvolvidas, nomeadamente NC (células neuronais), área olfactiva dorsal (DOA), área olfactiva ventral (VOA), área septal (SA) e Tractus Olfactorious medial (TOM) e Tractus Olfactorious lateralis (TOL) presentes nos tecidos cerebrais de controlo. Por fim, o nível ótimo do pesticida aumentou durante 96 horas, tendo-se verificado uma degenerescência total de várias células, nomeadamente, a presença de estrias de sangue e a perda da área septal degenerada (DSA), como se pode ver na (placa :4,fig : 6)

PLACA 1 E 2

Fig. (1 a 4) A fotomicrografia mostra a histologia da secção transversal da brânquia de *Labeo rohita.*

Fig. (5 a 8) A fotomicrografia mostra a histologia da secção transversal da brânquia de Labeo rohita exposta a uma concentração subletal de monocrotofos.

Abreviaturas utilizadas nas placas

CA : Eixo central

NR : Região de Necrose

SGL : Lamelas secundárias das brânquias

PGL : Lamelas primárias das brânquias

NILR : Necrose na região inter-lamelar

CHAPA - 1

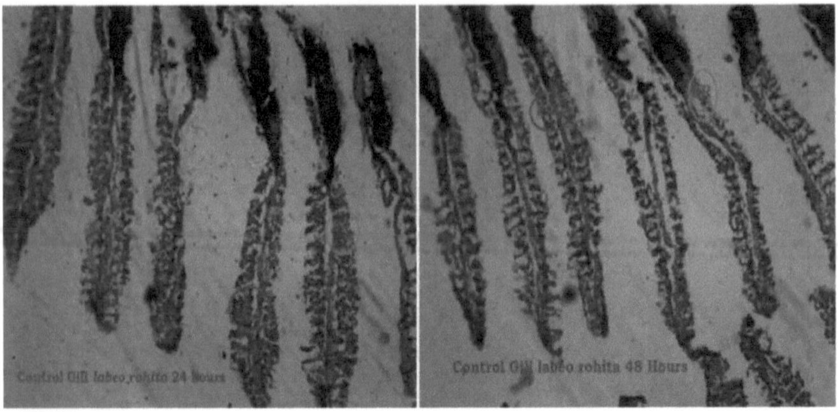

Fig: 1 Fig: 2

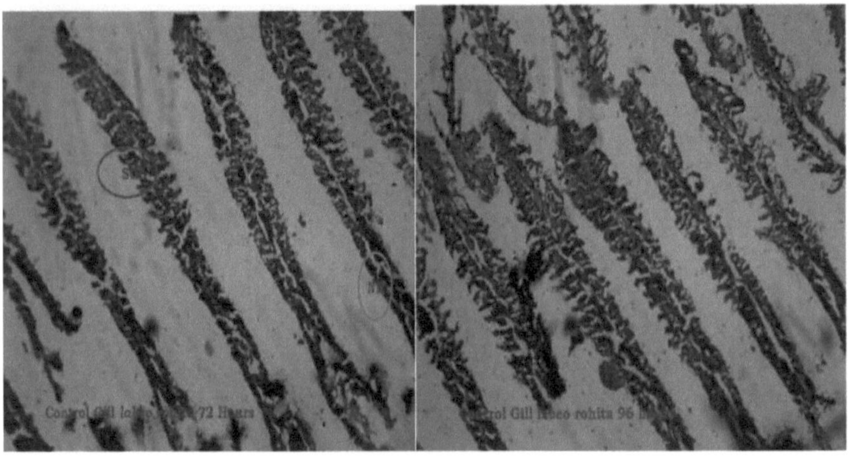

Fig : 3 Fig : 4

CHAPA - 2

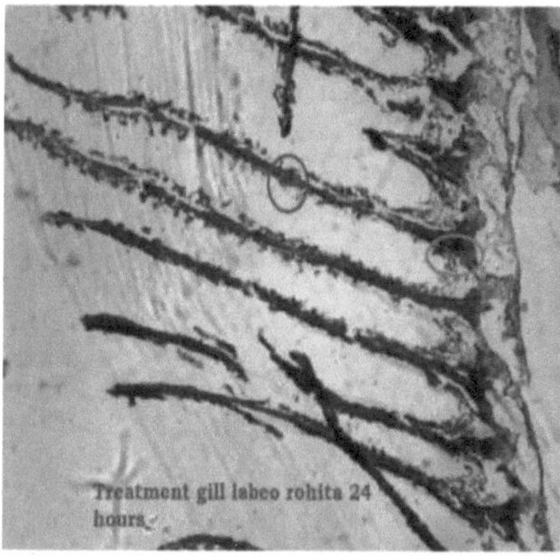

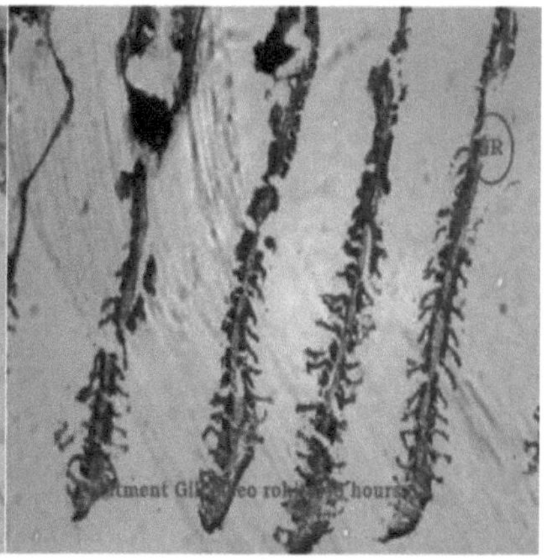

Fig : 5 Fig : 6

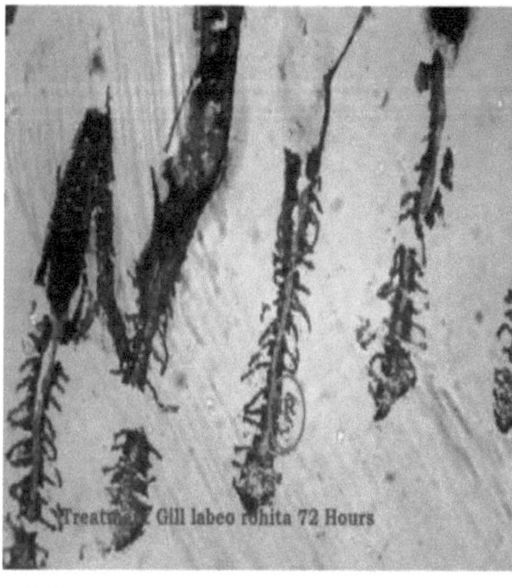

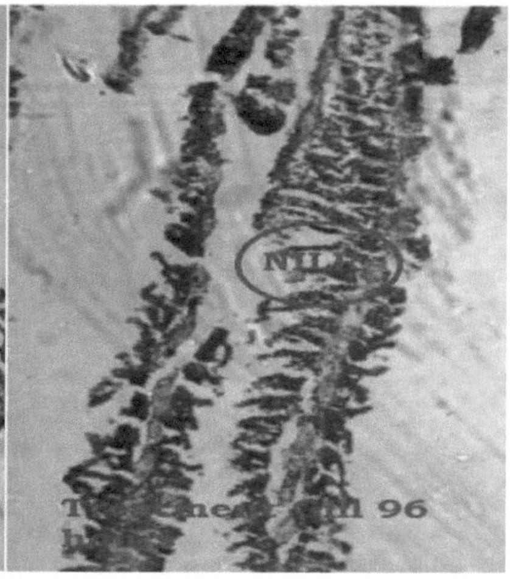

Fig : 7 Fig : 8

PLACA 3 E 4

Fig. (1 a 4) A fotomicrografia mostra a histologia da secção transversal do cérebro de *Labeo rohita.*

Fig. (5 a 8) A fotomicrografia mostra a histologia da secção transversal do cérebro de Labeo rohita exposto a uma concentração subletal de monocrotofos.

Abreviaturas utilizadas nas placas

DOA : Área Olfactiva Dorsal

VOL : Área Olfactiva Ventral

TOM : Trato Olfativo Medial

SA : Área Septal

TOL : Tractus Olfactory Lateralis

DVOA : Área Olfactiva Ventral Degenerada

DSA : Área septal degenerada

PLACA -3

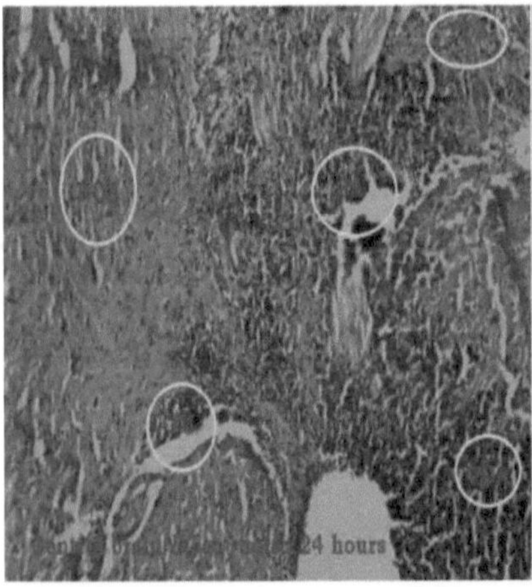

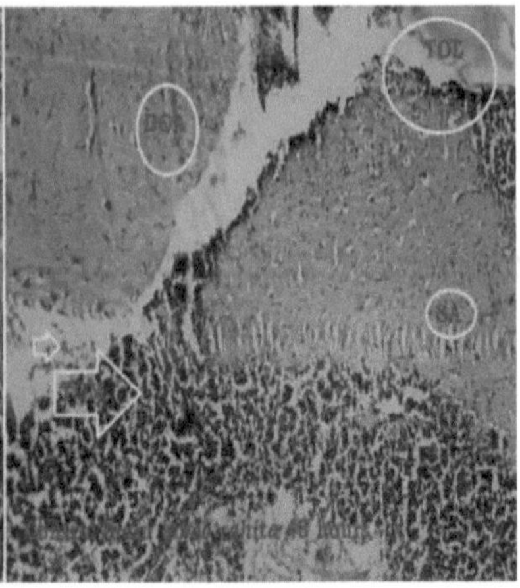

Fig : 1Fig : 2

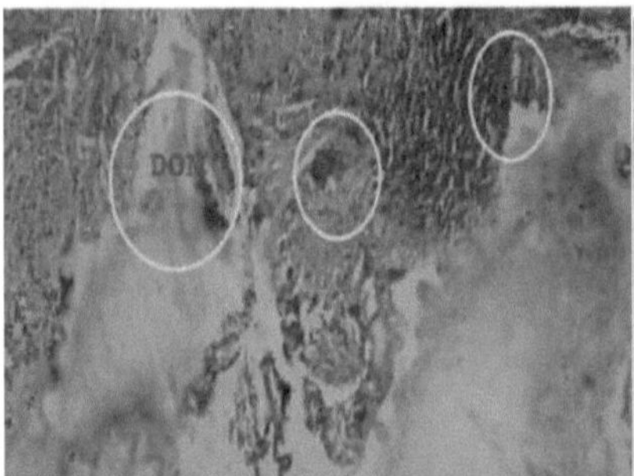

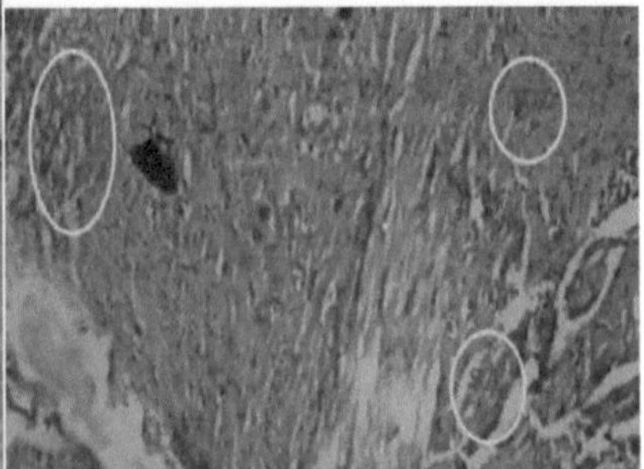

Fig : 3Fig : 4

PLACA- 4

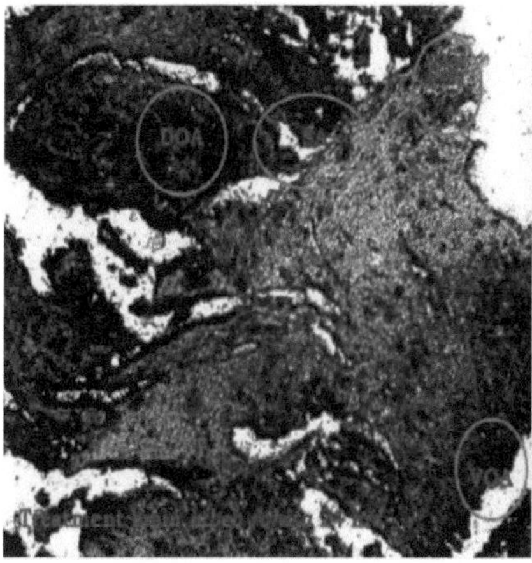

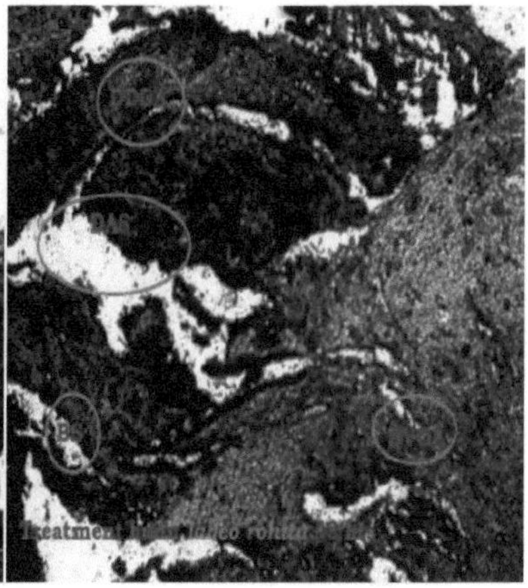

Fig : 5 Fig : 6

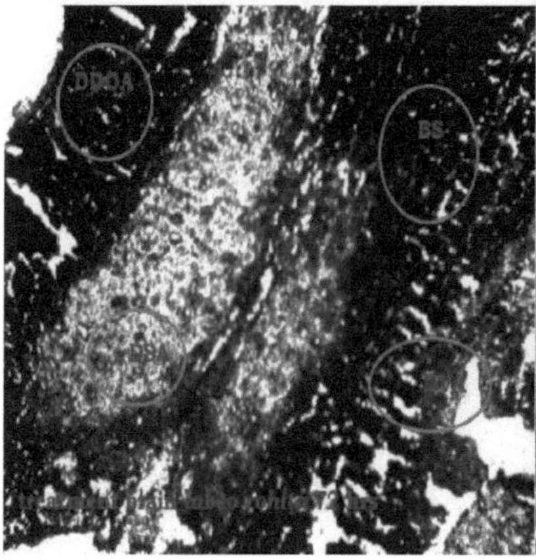

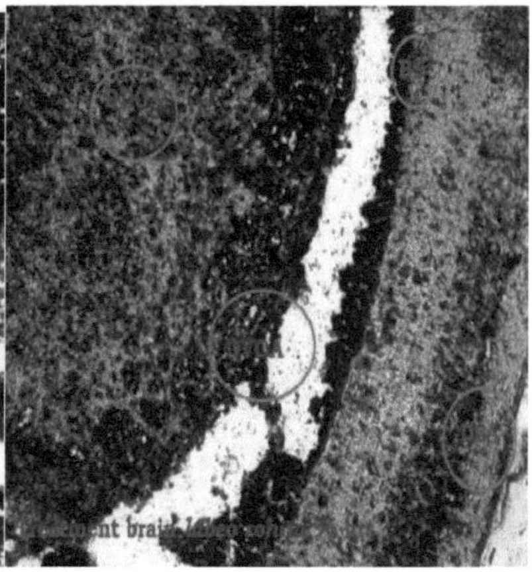

Fig : 7Fig : 8

CAPÍTULO 5. DEBATE

1.1 DISCUSSÃO SOBRE HEMATOLOGIA

A hematologia dos peixes ganhou reconhecimento como uma ciência aplicada. Os testes hematológicos tornaram-se importantes instrumentos de diagnóstico em medicina. Estudos recentes mostraram que os parâmetros hematológicos podem ser igualmente valiosos para indicar a doença ou o stress nos peixes. A composição do sangue dos peixes varia com as condições variáveis do ambiente e responde imediatamente a quaisquer alterações na qualidade da água devido ao contacto íntimo. De entre os vários parâmetros hematológicos, a contagem diferencial de glóbulos vermelhos tem uma enorme importância fisiopatológica. No presente estudo, foi feita uma tentativa de elucidar o efeito de pesticidas com diferentes horas subletais em certas propriedades fisiológicas do sangue do peixe *Labeo rohita*.

O *Labeo rohita* exposto a uma concentração subletal de monocrotofos provocou uma diminuição significativa da contagem de glóbulos vermelhos, levando à anemia em resultado da inibição da ertropoiese, da hemossíntese e do aumento da taxa de destruição dos eritrócitos nos órgãos hemopoiéticos. A exposição a longo prazo a pesticidas reduziu a contagem de glóbulos vermelhos e o valor da hemoglobina. Isto indica que as doses elevadas de pesticidas produzem uma condição anaeróbica e limitam a capacidade de transporte de oxigénio, diminuindo assim a mobilidade.

A contagem total de leucócitos mostrou um aumento no seu número na concentração mais elevada. Mas, a baixa concentração, verifica-se um aumento gradual do seu número. Na presente investigação, a uma concentração mais baixa e durante o período de exposição, verificou-se um aumento da contagem total de leucócitos em *Labeo rohita, como* sugerido por Venkataramana *et al.*, (2006) e Sudha summarwar (2012) Haematological investigation on *Labeo rohita* following chronic exposure to zn & cu.Then Patil, V.K. and M. David, 2007. Potencial hepatotóxico do malatião no teleósteo de água doce, *Labeo rohita.*

Foi estabelecida uma relação linear entre o pesticida Monocrotophos e os leucócitos totais. O aumento constante da contagem diferencial indica claramente que o stress provocado pelo pesticida estimula certamente os glóbulos brancos a produzir mais em qualquer momento da exposição. Foi sugerido que a contagem do rácio diferencial de células constitui um procedimento de diagnóstico útil para avaliar o stress fisiológico nos peixes.

1.2 ESTUDOS BIOQUÍMICOS

Os movimentos dos animais são efectuados com a ajuda do músculo. Os principais constituintes do músculo são os seguintes: água 75%, proteínas 20%, minerais e compostos orgânicos 5%. As proteínas são talvez as mais essenciais e típicas de todas as constituições das células vivas. As proteínas constituem o tecido do protoplasma. Para além da formação do protoplasma, as proteínas são um importante constituinte das várias membranas celulares em conjugação com os lípidos. A maior parte dos compostos biologicamente activos são proteínas, incluindo as enzimas. A utilização de combustíveis proteicos é limitada porque não podem ser armazenados como os lípidos e os hidratos de carbono.

As proteínas são substâncias complexas com elevado peso molecular que formam não só o quadro estrutural, mas também as engrenagens e as alavancas da maquinaria operacional do corpo vivo. As proteínas são úteis para as cadeias polipeptídicas de moléculas de aminoácidos. As proteínas são úteis para o transporte e armazenamento. As proteínas específicas transportam muitas moléculas pequenas e iões. Um complexo proteico que orienta a formação de redes neuronais em organismos superiores. A principal função dos alimentos proteicos é fornecer os aminoácidos necessários para o crescimento, a reparação e a manutenção geral dos mecanismos estruturais e catalíticos dos seres vivos.

Os hidratos de carbono e as proteínas são os principais nutrientes dos animais. Têm uma variedade de funções. Os hidratos de carbono fornecem energia sob a forma de moléculas de ATP, que são formadas durante o ciclo TCA. As proteínas nos diferentes tecidos diferem em composição e propriedades.

No presente estudo, o teor de proteínas no músculo e no rim do fígado de Labeo rohita diminuiu com a baixa concentração do pesticida monocrotofos. Mesmo com a mesma concentração, uma exposição mais prolongada resultou numa diminuição do teor de proteínas (quadros 1, 2 e 3), o que indica que as proteínas dos tecidos sofrem proteólise. O resultado é a produção de aminoácidos livres, que são utilizados no ciclo TCA para a produção de energia sob stress (Muthukumaravel *et al.,* 2013). Existem relatórios semelhantes de efeitos de tóxicos na proteína total noutros peixes por (Veeraiah *et al.,* 2013) (Nagaraju 2013)Mule *et al.*,(2007).

No presente estudo, os resultados obtidos indicam claramente que houve uma diminuição da quantidade de proteínas e do teor de glicogénio para resistir ao efeito dos pesticidas. Isto é, para fornecer imediatamente energia aos elementos de combate do corpo e proteger todos os sistemas do corpo do efeito nocivo do pesticida.

No que diz respeito aos hidratos de carbono nos peixes expostos a diferentes horas de exposição ao pesticida monocrotofos, não se registaram grandes alterações nas 24 horas de tratamento com uma concentração baixa de 0,040 ppm, mas nos peixes que mantiveram uma exposição prolongada até 96 horas, observou-se uma diminuição do teor de hidratos de carbono (quadro 1, 2 e 3).

Esta redução do teor de hidratos de carbono armazenados foi registada em *Labeo rohita* exposto a monocrotofos (Venkata Rathnamma 2013), tendo o efeito do monocrotofos sido registado por (Sulekha 2011). Uma queda nos níveis de hidratos de carbono indica claramente a sua rápida utilização para satisfazer as necessidades energéticas acrescidas em indivíduos tratados com pesticidas através da glicólise ou da via da hexose monofosfato (Nagaraju 2013).

O termo lípido foi utilizado pelo bioquímico para descrever o grupo de substâncias de origem animal, insolúveis na água, mas solúveis em solventes gordos. Todas as células contêm lípidos sob a forma de glóbulos dispersos no citoplasma. A concentração é muito mais elevada nas células que formam o tecido adiposo. No presente estudo, o número de horas de exposição diminuiu a quantidade de lípidos.

1.3 HISTOPATOLOGIA

GILL :

As brânquias são a estrutura mais delicada do corpo dos teleósteos. A sua vulnerabilidade é, portanto, considerável devido à sua localização externa e ao seu contacto necessariamente íntimo com a água, o que significa que são susceptíveis de serem danificadas por quaisquer materiais irritantes, quer dissolvidos quer em suspensão na água. No presente estudo, foram observadas alterações edematosas generalizadas na base das lamelas secundárias.

Nas brânquias normais dos peixes (placa: 1), as secções histológicas (fig: 1 - 4) mostram que as lamelas branquiais primárias são estruturas planas comprimidas lateralmente, situadas alternadamente em ambos os lados do septo interbranquial. Cada uma delas tem uma fila de lamelas secundárias em ambos os lados, perpendiculares ao eixo longo da lamela branquial primária. As lamelas primárias são constituídas por um núcleo central no qual se encontram a haste cartilaginosa e os vasos sanguíneos. Mas as duas lamelas respiratórias adjacentes constituem a região interlamelar.

O arco branquial é coberto por um tecido epitelial, mas no início das lamelas primárias, a epiderme é muito mais espessa e, por baixo desta epiderme, existe geralmente um conjunto de tecido linfoide constituído por linfócitos (Tilak *et al.*, 2003). Uma epiderme mucoide cobre as lamelas primárias. As lamelas secundárias são constituídas por um invólucro de células epiteliais, apoiadas e separadas por células pilares dispostas em filas.

Após o tratamento de 96 horas dos peixes tratados com pesticidas, foram observadas respostas específicas. Estas respostas incluem a produção de quantidades abundantes de muco na superfície do corpo e, especialmente, nas brânquias, os resultados foram observados por (Nikalje *et al.*, 2012) e condições mais prolongadas aumentaram a ventilação opercular e as taxas de tosse e danos nas brânquias, incluindo hiperplasia, necrose e descamação dos tecidos epiteliais.

CÉREBRO:

Estas alterações incluem a área olfactiva dorsal degenerada (DDOA), a área olfactiva ventral regenerada (DVOA), as estrias sanguíneas (DS), a área septal degenerada (DSA), a atrofia, a necrose, a picnose, a dissolução dos corpos de nissel, o inchaço do axónio e a desmilenação ou vacuolização da bainha de mielina das fibras nervosas (placa: III Fig. 1-4). Uma vez que o monocrotofos é um composto organofosforado e os organofosforados são neurovenenos, a intoxicação por monocrotofos causou atrofia, cromatólise, ou seja, dissolução dos corpos de nissel e perda de substâncias coráveis no citoplasma. Congestão na medula oblonga, que, por sua vez, provoca anomalias na circulação sanguínea. Alterações semelhantes foram observadas por Bharat Bhusan *Patnaiket al.*,(2011) que relatam inchaço do axónio, atrofia, necrose e picnose no peixe *Ctenopharyngodon idellus* sob toxicidade de fenvalerato, e Tilak *et al.*, (2005) em *Cirrhinus mrigala* exposto a concentrações subletais e letais. Das e Mukherjee (2000) referiram que o hexaclorociclohexano era neurotóxico e induzia a vacuolização do parênquima cerebral e o inchaço moderado das células piramidais do cérebro e opinaram que a vacuolização podia ser devida à glicólise que conduzia a disfunções microssomais e mitocondriais. A perda de substâncias de Nissl e a reação das células gliais, com evidência de formação de nódulos gliais em alguns locais, foram a prova da natureza neurotóxica da substância química. *Thangniponet al,* (1995) estudaram os efeitos patológicos do monocrotofos no cérebro, expondo o peixe *Anabas testudineus* a concentrações subletais de 1,9, 4,75 e 9,5 mg L 1 durante 21 dias, e relataram que os pesticidas produziram rutura do córtex, atrofia da camada molecular e granular, necrose da região neurofibrilar, dilatação vascular, picnose nuclear, fibrose, vacuolação, edema cerebral e descolamento interzonal. Verificou-se que as alterações histopatológicas dependiam da dose. O efeito do monocrotofos no cérebro mostrou uma dilatação vascular que corresponde a observações anteriores de *Cazenaveet al.,* (2005), As alterações histológicas no cérebro devidas à toxicidade do zinco em *Labeo rohita* exposto a 5 mg L-1 mostraram inchaço das células piramidais com núcleos binucleados e a 10 mg L-1 de exposição foi observada uma necrose grave das células neuronais do cérebro por Loganathan *et al,* (2006), indicando a perda de substâncias nissl, surgiram alterações vacuolares ligeiras com espaços vazios devido ao aumento da concentração e da duração. A extensão dos danos no cérebro no presente estudo foi maior nas concentrações letais do que nas concentrações subletais expostas ao monocrotofos, o que pode alterar as funções fisiológicas e comportamentais dos peixes. Várias regiões do cérebro dos peixes estão relacionadas com muitas funções, tais como a alimentação, a visão e o movimento adequado do corpo, que podem estar diretamente relacionadas com a disfunção neuronal do sistema nervoso central devido à inibição da atividade cerebral e que alteram todo o comportamento e reduzem a aptidão dos peixes nos seus ambientes.

CAPÍTULO 6. RESUMO

Os pesticidas são compostos estáveis e entram no ecossistema aquático através do escoamento da agricultura. A avaliação da natureza e do grau dos efeitos nocivos produzidos pela substância tóxica nos organismos aquáticos é efectuada através de testes de toxicidade. Os valores LC50 de 96 horas têm sido geralmente considerados satisfatórios para a medição da toxicidade aguda. As diferenças no LC50 de 96 horas do mesmo tóxico em diferentes peixes podem ser atribuídas a características individuais, incluindo as do comportamento e da estrutura adicional, como os órgãos respiratórios acessórios. Os caracteres individuais, como o tamanho e o peso, o sexo e o comportamento biológico, são determinantes para a variação dos valores LC50.

Por conseguinte, o presente estudo é uma tentativa de estudar a toxicidade do pesticida no que respeita à hematologia, bioquímica e histologia do peixe *Labeo rohita (Ham).* O monocrotofos afecta não só os peixes mas também os organismos da cadeia alimentar através do processo de consumo de uns pelos outros. O pesticida, que entra nos tecidos do corpo dos peixes, afecta as suas actividades fisiológicas.

No presente estudo, o *labeo rohitaproximate apresentou* um decréscimo gradual no conteúdo de hidratos de carbono e alterações mínimas no conteúdo de proteínas e lípidos, quantitativamente, com o efeito de diferentes concentrações do Monocrotophos 35 E.C. No que respeita à hematologia, a contagem total de hemácias e o conteúdo de Hb diminuíram com o aumento das horas de exposição ao pesticida monocrotophos. No entanto, a contagem total de leucócitos aumentou com o aumento das horas de exposição ao Monocrotophos 35 E.C. No entanto, os batimentos operculares e a contagem total de leucócitos aumentaram com o aumento das horas de exposição.

Foi estabelecida uma relação linear entre o pesticida monocrotofos e o total de leucócitos. O aumento constante da contagem diferencial indica claramente que o stress provocado pelo pesticida estimula certamente os glóbulos brancos a produzir mais em todos os momentos de exposição. Foi sugerido que a contagem do rácio diferencial de células constitui um procedimento de diagnóstico útil para avaliar o stress fisiológico nos peixes. As alterações histológicas que ocorrem nas brânquias e no cérebro mostram alterações e degenerescência da superfície celular e constituem um procedimento de diagnóstico útil para avaliar o stress fisiológico e anatómico do peixe *Labeo rohita.*

REFERÊNCIAS

Abbasi SA, Abbasi N, e Soni R.,1998.

Metais pesados no ambiente, 1ª. Ed. *Mital Publication, Nova Deli, Índia.*

Adhikari,S., Sarkar, B., Chatterjee, A., Mahapatra, C.T e Ayyappan, S., 2004.

Efeitos da cipermetrina e do carbofurão em certos parâmetros hematológicos e previsão da sua recuperação num teleósteo de água doce, *Labeo rohita* (Hamilton). *Ecotox. Environ. Saf.***58**, 220-226.

Anees, M.A., 1975.

Toxicidade aguda de quatro insecticidas organofosforados para o teleósteo de água doce *Channapunctatus.Park .j .Zoo.,* **7**: 135.

APHA (American Public Health Assosciation), 1992.

Standard Methods of water and wastewater. *18th ed. American Water Works Association, Publicação da Water Environment Federation. APHA, Washongton D.C.*

Aruna Khare e Sudha Singh, 2002.

Impacto do malatião no teor de proteínas do peixe de água doce *Clarias batrachus. J. Ecotoxicol. Environ. Monit.,**12**(2):* 129-132.

Aruna Khare, Sudha Singh e Keerthy Shrivastava, 2000.

Alterações bioquímicas induzidas pelo malatião no rim do peixe de água doce *Clarias batrachus. J. Ecotoxicol Environ. Monit.,**10**(1):* 11-14.

Arunachalam, S e Palanichamy, S., 1982.

Efeitos subletais do carboryl no comportamento de subida à superfície e na utilização de alimentos no peixe respirador *Macropods cupanus. Physiol. Behav.,***29**: 2327.

Baskaran, P., Palanichamy, S., Balasubramanian, M.P., 1989.

Efeito de pesticidas no metabolismo de proteínas em *Mystus vittatus.J.Ecobiol.,* **1**(2): 90-97

Bharat Bhusan Patnaik,k., Hongray Howrelia ,j.,2011.

Histopatologia das brânquias, fígado, músculo e cérebro de *Cyprinus carpio communis* expostos a concentrações subletais de chumbo e cádmio.

Cattaglin WA e Fairchild JF, 2002.

Potencial toxicidade para os organismos aquáticos dos pesticidas medidos em cursos de água do centro-oeste. *Water sci. Technol.***45**,95-103.

Cazenave, J., Wunderlin, D.A., Hued, A.C. e de los Angeles-Bistoni, M., 2005.

Parâmetros hematológicos num peixe neotropical, *Corydoras paleatus* (Jenyns, 1842) (Pisces, Callichthyidae), capturado em águas pristinas e poluídas. *Hydrobiology,* **537**: 25-33.

Daughton CG e Ternes TA.,1999.

Produtos farmacêuticos e de higiene pessoal no ambiente. Agents of subtle change Environment. *J. Health perspect.* ***107***,907-938.

De, A.K. 1996.

Química Ambiental, 3rd edition.*New Age International Pvt. Ltd.New Delhi.*

Dubois,K.P e Geiling, E.M.K. 1959.

Livro de texto de Toxicologia. *Oxford University Press. Oxford.pp302.*

Durairaj, S. e V.R. Selvarajan, 1992.

Influência do Quinalfos, um pesticida organofosforado, nos constituintes bioquímicos dos tecidos do peixe *Oreochromis mossambicus.J. Environ. Biol.,* **13**(3): 181- 185.

Finney, D.J., 1971.

Probit Analysis. Cambridge Univ. Press, Londres. Folch, J., M. Lees e S.H. Sloane-Stanley, 1957.A simple method for isolation and purification of total lipids from animal tissues.*J. Biol. Chem.,* **226**: pp.497-507.

Ghosh, R. e R.V.Shrotri, 1992.

Inter-relação entre a glucose sanguínea e o glicogénio tecidular em Scylla serrata (Forskal) exposta cronicamente ao tiodano. *J. Environ. Biol.,* **13**(3): 233237.

Gurusamy,K e Ramadoss, V., 2000.

Impacto do DDT no consumo de oxigénio e na atividade opercular de *Lepidocephalichthys thermalis.* J. *Ecotoxicol. Environ. Monit.,* **10**(4): 239248.

Harpert, A., N.M. Roodwell e A. Mayer, 1977.

Uma revisão de química fisiológica. *16, Edição, California Lange, Publicação Médica,* P.**269**.

Herger, W., Jung S.J. e Peter ,H., 1995.

Toxicidade aguda e prolongada para os organismos aquáticos de produtos químicos e pesticidas novos e existentes. *Chemosphere.***31**: 2707-2726.

Hinton, D.E., Kondall, M.W. e Silver, B.B., 1973.

In Métodos biológicos para a avaliação da qualidade da água. *ASTM. STP.*528. *Sociedade Americana de Ensaios e Materiais,* p.**194**.

Houston, A.H. 1997.

Serão as variáveis hematológicas clássicas indicadores aceitáveis da saúde dos peixes*? Am. Fish. Soc.,* **126**: 879-893.

Jyothi B. e Narayan G., (1999).

Determinadas perturbações do metabolismo dos hidratos de carbono induzidas por pesticidas no soro de peixes de água doce *Clarias batrachus* (Linn.). *Food. Chem. J. Toxicol.* **37**:417-421.

Kumari, S.A. e N.S.R. Kumar, 1996.

Efeitos de poluentes sobre a corolização histoquímica de proteínas no peixe *Channa punciolus.J.En.viron. Ecol.,* **14**(2): 89-91.

Lowry, O.H., N.J. Rosebrough, A.L. Farr e R.J. Randall, 1951.

Medição de proteínas com o reagente de folina-fenol.*J. Biol. Chem.,* **193**: pp.265-275.

Loganathan ,D.,S.E, Finger.,2006.

O comportamento de natação como indicador de toxicidade subletal em peixes. *Environ. Toxicology.Chem* ,**9** 13-19.

Maruthanayagam, C. e G. Sharmila, 2004.

Variações bioquímicas induzidas pelo monocrotofos em *Cyprinus carpio* durante o período de exposição e recuperação. J. *Nature Environ. Pollution,* **3**(1): 1-9.

Malla Reddy,P e Bashamohideen,M.D 1989.

Impacto tóxico do fenvalarato no metabolismo proteico do tecido branquial de um peixe *Cyprinus carpio.Curr.Sci.,***57**: 211-212.

Mhadhbi, L., Palanca, A., Gharred, T. e Boumaiza, M. (2012).

Bioacumulação de metais em tecidos de *Solea vulgaris* da costa exterior e da Ria de Vigo, Atlântico NE (Espanha). *Int. J. Environ. Res. Publ. Health...,* **6**: 19-24.

Mule, M.B. e V.S. Lomte, 1992.

Efeito do monocrotofos no teor de proteínas do caracol de água doce, *Thiara tuberculata. AsianJ. Zool. Sci.,* **1**: 25-30.

Muley, D.V., D.M. Karanjakar e S.V. Maske, 2007.

Impacto dos efluentes industriais na composição bioquímica do peixe de água doce *Labeo rohita.J. Environ Biol.,* **28**(2):245- 249.

Murthy, A.S. e A.P. Devi, 1982.

O efeito do endossulfão e dos seus isómeros nas proteínas dos tecidos, no glicogénio e nos lípidos do peixe *Channa punctatus.*Pesticidal Biochem. *J.Physiol.,* **17**: 280-286.

Muthukumaravel, K, Rajarajan, P., Nathiya, N., Govindarajan, M e Raveendran, S., 2013.

Estudos sobre a histopatologia de órgãos seleccionados do peixe de água doce *Labeo rohita* expostos ao pesticida monocrotofos.

Nagaraju,B Venkata Rathnamma,V., 2013.

Efeito do profenofos, um organofosforado, no nível de proteínas em alguns tecidos do peixe de água doce labeo rohita (Hamilton). *Int.J. pharm.Sci. vol5, suppl* 1.276-279.

Nisar Shaikh e Yeragi, S.G 2004.

Efeito do Rogor 30E (organofosforado) nas proteínas musculares do peixe de água doce *Lepidocephalecthyes thermalis. J. Ecotoxicol. Environ. Morit.,* **14**(3): 233-235.

Nikalje. S. e B, Muley, 2012.

Alterações histopatológicas nas brânquias de uma carpa maior de água doce, *Labeo rohita,* após exposição aguda e crónica a efluentes de uma fábrica têxtil.

Patil, V.K. e M. David, 2007.

Potencial hepatotóxico do malatião no teleósteo de água doce, *Labeo rohita (Hamilton). Veteinarski Arhiv.,* **73**(2): 179-188.

Remia, K.M., S.Logan kumar e D.Rajmohan, 2008.

Efeito de um inseticida (Monocrotophos) em alguns constituintes bioquímicos do peixe *Tilapia mossambica.J.Poll. Res.,**27**(3):* 523-526.

S.Binukumari e J.Vasanthi.,2013.

Estudos sobre o efeito do Pesticida Dimetoato 30% CE no conteúdo lipídico do peixe de água doce, *Labeo rohita.*

Sangeeta Sharma e R.K. Agarwal, 2004.

Alterações induzidas pelo butacloro no glicogénio dos tecidos do peixe Heteropneustes fossilis.*J. Bionotes,* **6**(2): 52.

Sapna shrivasatava, Sudha Singh e Keerty Shrivastava, 2002.

Efeito do carbaril no teor de glucose no cérebro de Heteropneustes fossilis *J. Ecotoxicol. Environ. Monit.,**12**(3):* 205-208.

Sastry, K.V. e A. Siddiqui, 1984.

Alguns parâmetros hematológicos e enzimológicos de um peixe teleósteo de água doce, *Channa puntatus,* exposto a concentrações subletais de quinalfos.*J.Biochem.* Physiol., **22**: 8-13.

Singh, N.N., V.K. Das e S.Singh, 1996.

Efeito da aldrina no metabolismo de hidratos de carbono, proteínas e iões de um peixe-gato de água doce Heteropneustes *fossilis. J. Bulletin of Environ. Contam.and Toxicol.,* **57**: 204-210.

Sudha summarvar, K., 2012 .

Investigação hematológica em *Labeo rohita* após exposição crónica a zn& cu.

Somaiah K., Sunitha, K Nagaraju, B., 2014.

Efeito do fentoato no nível proteico do peixe de água doce *Labeo rohita* (Hamilton).

Sulekha, B.T., 2002.

Alguns aspectos biológicos sobre o efeito de pesticidas em peixes. Tese de doutoramento. *Universidade Mahatma Gandhi, Kerala.*

Thangnipon, W., P. Luangpaiboon, W. Thangnipon e S. Chinobul, 1995.

Efeitos do inseticida organofosforado, monocrotofos. Na atividade da acetilcolinaesterase no cérebro da tilápia *(Orecheomosis niloticus). J.Neurochemrres.,* **20**(5),515-519.

Tilak, K.S. e D.K. Rao, 2003.

Chlorpyrifos toxicity of freshwater fish, *J. Aqu. Biol.,* **18**(2): 161-166.

Tilak, K.S., K. Veeraiah e D.K. Koteswara Rao, 2005.

Alterações bioquímicas induzidas pelo cloripirifos, um composto organofosforado em concentrações subletais para os peixes de água doce *Catla catla, Labeo rohita* e

*Cirrhinus mrigala. J. Environ. Biol.,***26**(2): 341347.

Tont,S.,1977.

Fonte de alimentação dos oceanos: Um esboço do estado do potencial. Conservação ambiental,**4**:243.

Venkataraman, G.V., P.N. Sandhya e P.S. Murthy, 2006.

Impacto do malatião nos parâmetros bioquímicos do peixe góbio, Glossogobius giuris (Ham). *J. Environ. Biol.,* **27**(1): 119-122.

Veeraiah 2012.

Efeito dos pesticidas em organismos não visados. *Resíduos, Rev.,* **76**: 173-301

Vijakumar, M., M.S. Butchiram e K.S. Tilak, 2009.

Efeito do quinalfos, um pesticida organofosforado, nos ácidos nucleicos e proteínas do peixe de água doce *Channa punctatus.J. Ecotoxicol. Environ. Monit.,* **19**(1): 07-12.

Visvanathan, P., C. Maruthanayagam e M. Govindaraju, 2009.

Efeito do malatião e do endossulfão nas alterações bioquímicas em *Channa punctatus.J. Ecotoxicol. Environ. Monit.,19(3):* 251-257.

Ward,G.S. e Parrish,P.R., 1982.

Manual of methods in aquatic environment research - *Part 6 Toxicity test FAO. fish tech. pub.,* **185** :(2).

Yasmeen,R., S.J. Tulasi e J.V.Ramna Rao, 1991.

Alterações metabólicas no peixe respirador Anabus scandens após exposição prolongada ao endosulfan. *J.Biochem,* **40**: 205-211.

MIX
Papier aus verantwortungsvollen Quellen
Paper from responsible sources
FSC® C105338

Printed by Books on Demand GmbH, Norderstedt / Germany